高等职业教育装备制造大类专业新型工作手册式规划教材

吉林省职业教育『十四五』规划教材

钳工技术工作手册

主编◎朱楠 葛茂昱

副主编◎郑生智 马斌 郐加喜

主审◎杨占军

U0310299

中国铁道出版社有限公司
CHINA RAILWAY PUBLISHING HOUSE CO., LTD.

内 容 简 介

本书是一本新型工作手册式教材,包括钳工、钳工基本操作、孔加工、常用量具、装配与锉配、金属材料与热处理、职业规范与安全环保、标准化、钳工国家职业技能标准(2020年版)共9章。

全书将德国职业教育教材进行本土化设计,结合新型活页式工作手册式教材的编写要求,以工作要素为编写逻辑,采用校企联合编写方式,依据钳工工作过程进行内容的系统化编排,采用图表对应样式,直观反映知识与技能要点。设计的表格中包含主题范围内重要的指标、类型、尺寸、标准值和具体应用,图文并茂且使用不同颜色加亮,层次清晰,易读易懂。全书将传统的行业工作手册进行可视化处理,加入了概述等教学内容,注重了知识的序化过程,更符合初学者的学习逻辑。书中全部引用2021年1月最新实施的国家标准,可同时提供准确的信息查询功能与教学功能。

本书适合高职院校装备制造大类专业中机械类和非机械类专业钳工技术课程使用,亦可作为钳工技术相关的机械制造、机械装调和机械维护岗位技术人员和技术工人参考使用。

图书在版编目(CIP)数据

钳工技术工作手册/朱楠,葛茂昱主编. —北京:中国铁道出版社有限公司,2021.9(2024.12重印)
高等职业教育装备制造大类专业新型工作手册式规划教材
ISBN 978-7-113-27955-4

Ⅰ.①钳…　Ⅱ.①朱…②葛…　Ⅲ.①钳工-高等职业教育-教材
Ⅳ.①TG9

中国版本图书馆 CIP 数据核字(2021)第 084157 号

书　　名:钳工技术工作手册
作　　者:朱　楠　葛茂昱

策　　划:何红艳　　　　　　　　　　编辑部电话:(010)63560043
责任编辑:何红艳　包　宁
封面设计:刘　颖
责任校对:苗　丹
责任印制:赵星辰

出版发行:中国铁道出版社有限公司(100054,北京市西城区右安门西街8号)
网　　址:https://www.tdpress.com/51eds
印　　刷:北京盛通印刷股份有限公司
版　　次:2021年9月第1版　2024年12月第2次印刷
开　　本:787 mm×1 092 mm　1/16　印张:10.5　字数:282 千
书　　号:ISBN 978-7-113-27955-4
定　　价:42.00 元

作者简介

朱楠，女，1981 年生，吉林电子信息职业技术学院教授，高级钳工。吉林省 D 类人才、吉林省职业院校双师型教师。吉林省重点专业、吉林省双高专业群带头人，主编教材 6 部，主持省级以上教科研项目 9 项；中国模具工业协会职业教育分会委员，中德职教联盟专业建设委员会委员，机械行业职业技能竞赛技术专家。

葛茂昱，男，1976 年生，1976 年生，吉林电子信息职业技术学院教授，钳工高级技师。原吉林江机工模具有限公司从事钳工一线技术工作 18 年。享受国务院特殊津贴、全国技术能手、全国青年岗位能手、中国兵器工业集团钳工专家、吉林省 B 类人才、吉林省长白山技能名师、吉林省技术能手、吉林省首席技师。

郑生智，男，1983 年生，吉林电子信息职业技术学院钳工教师，钳工高级技师、吉林省 D 类人才、吉林省技术能手、吉林市青年岗位能手。副主编教材 2 部，参与省级以上教科研项目 5 项。

马斌，男，1972 年生，吉林电子信息职业技术学院钳工教师，钳工高级技师。原中石油东北炼化工程公司吉林机械公司从事钳工一线技术工作 26 年。吉林省 D 类人才、吉林省长白山技能名师、中石油东北公司钳工技能专家、中石油吉化公司钳工岗位技术明星、技术能手、中石油钳工高级考评员。

邵加喜，男，1984 年生，中国兵器工业集团吉林江机特种工业有限公司一分厂从事技术员、综合管理主管工作。

主审

杨占军，男，1974 年生，中共党员，吉林江机工模具有限公司钳工高级技师，吉林省技术能手，吉林省"工具钳工首席技师"，吉林省劳动模范，吉林省"五一劳动奖章"获得者。

序

  自从 2019 年国务院发布的《国家职业教育改革实施方案》提出"倡导使用新型活页式、工作手册式教材"之后,教材建设就成为职业教育改革的热词。2020 年国家教材建设奖的设立极大地提升了教材的地位,更是将教材建设推到了职业教育改革的潮头浪尖。

  教材里有什么? 这是必须明确的一件事。

  是不是知识本位教材里有知识而能力本位教材里有能力呢? 答案是明确的,无论知识本位教材还是能力本位教材,教材里只有知识而没有其他任何东西。

  区别何在?

  知识本位教材是将学科知识从命题概念出发,在空间上按照演绎逻辑进行组织、呈现的。

  能力本位教材是将工作知识从具体事物出发,在时间上按照归纳逻辑进行组织、呈现的。

  知识本位教材的功能是培养学生演绎推理能力,目的是发现更多知识,探索未知领域。

  能力本位教材的功能是培养学生归纳推理能力,目的是处理具体事务,解决现实问题。

  这是一个大概的区分,但这是一个直指本源的区分,这一内在逻辑的区别决定了职业教育与普通教育教材类型之别的差异。

  职业教育教材应该长什么样,内容如何呈现,具备什么功能,是由职业教育类型属性决定的,职业教育就是"学习如何工作的教育",那么教材就应该呈现"工作的原貌",只有将"工作原貌"呈现出来,才能够实现学习"如何工作"的目的。抓住了这一根本性的问题,就能将职业教育教材与普通教育教材彻底区别开来。

  怎样呈现"工作的原貌"呢?

  任何一项工作都是由六个要素构成的,即工作对象、工作内容、工作手段、工作组织、工作产品和工作环境,它们的关系如图 1 所示。

  工作六要素所对应的知识,即工作对象知识、工作内容知识、工作手段知识、工作组织知识、工作产品知识和工作环境知识。

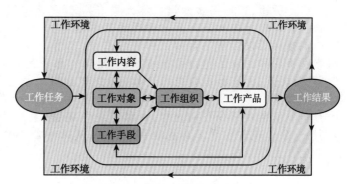

图 1   工作六要素关系示意图

  按照教材里只有"知识"和职业教育就是"学习如何工作"的教育这两条标准判断,显然将工作六要素知识寻找并罗列出来,编辑成册的书无疑就是职业教育的教材。

  继续深入分析,工作六要素知识两种有价值的排列方式。

  一种是并行排列,将工作六要素知识区分功能、并行排列,手册工具教学化、可视化处

I

理,拉近学习与工作的距离,这是工作要素知识的静态呈现。可配套符合区域特色,专业特点,校本实际的教学方案共同使用。

另一种是时序排列,将工作六要素里的工作内容知识按照其在工作中出现的时间顺序排列,从而构成一项具体工作的职业行动体系,其他五个工作要素知识构成支撑这个职业行动得以进行下去的职业知识。将工作要素知识的内在联系通过职业行动建立起来,这是工作要素知识的动态呈现。

除此之外,职业教育教材还要服务于学生学习这一根本要求,按照认知规律和职业成长规律选取和呈现工作要素知识。布鲁姆教育目标分类(见图2)是我们可以依据的一个科学原理。

要特别感谢本耐、德莱福斯、劳耐尔对职业能力成长规律(见图3)研究的贡献,从初学者/新手—生手—熟手—能手—专家/高手的职业能力成长的过程中,使我们得以窥见职业教育与普通教育互为起点与终点的正好相反的学习过程。

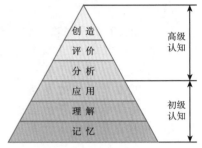

图2　布鲁姆教育目标分类

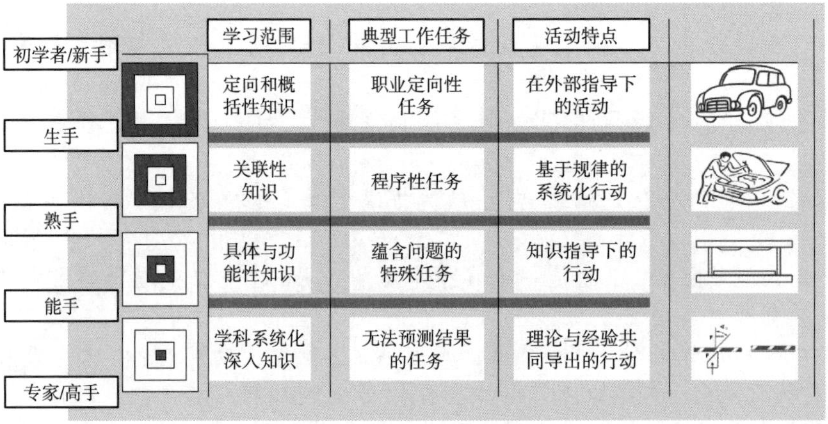

图3　职业能力成长规律

综上所述,工作要素知识以静态或者动态方式按照认知规律、职业成长规律排列,构成职业教育教材的知识种类与排列的基本逻辑。

本教材是以工作要素知识的静态形式(工作六要素知识并行排列),按照认知规律和职业成长规律选取工作内容来组织、呈现工作原貌的。"怎么做"是本书内容焦点,工作知识、职业规范、国家标准是内容主体,充分契合钳工技能要求特征。要求教师在教学设计时充分考虑工作过程完整性,实现整体职业行动能力大于单项能力之和的目标。

全书用色块区分不同内容,内容图表化编排,表达重点清晰醒目,极大地方便了检索查阅,充分体现自主学习功能和手册性质,同时钳工关键操作配以二维码视频、动画资源,为学生自主学习提供条件。

本教材紧紧结合我国职业教育生源、师资基础特征,经过五年的实践验证、优化,达到了预期使用效果,是德国双元制职业教育教材本土化改革的一个成功案例。

吉林电子信息职业技术学院机械专业群、汽车专业群、冶金专业群从2016年开始"活页式、工作手册式"教材编写与教学实践,取得了良好效果。

戚文革

2021年8月

前　言

党的二十大报告指出："坚持把发展经济的着力点放在实体经济上,推进新型工业化,加快建设制造强国、质量强国、航天强国、交通强国、网络强国、数字中国。实施产业基础再造工程和重大技术装备攻关工程,支持专精特新企业发展,推动制造业高端化、智能化、绿色化发展。""加快建设国家战略人才力量,努力培养造就更多大师、战略科学家、一流科技领军人才和创新团队、青年科技人才、卓越工程师、大国工匠、高技能人才。"

针对目前装备制造业钳工技术人才紧缺的现状和高等职业院校钳工技术技能型人才培养可持续发展的要求,《钳工技术工作手册》为《钳工技术教学工作页》的配套工作手册式教材,具备信息检索功能和教学功能。全书以德国职业教育教材本土化为主旨思想,结合新型活页式工作手册式教材的研发要求,校企协同完成编写。《钳工技术工作手册》在编写过程中,参照部分机械设计与制造类专业标准、钳工技术课程教学标准、钳工国家职业技能标准,将钳工技术的教学内容依据钳工工作过程进行序化的基础上,完成了大量编写内容的可视化处理,图表结合,直观易读。

目标读者:

- 生产和供销人员
- 模具钳工
- 技工
- 技术指导教师
- 机械工程学生

本书主要有以下特点:

1. 以工作要素为编写逻辑,将工作对象、工作手段、工作环境、工作产品的工作性知识进行模块化与序化处理,与《钳工技术教学工作页》配套使用,可为其中的具体工作内容与工作组织提供工作知识的检索功能,形成新型活页式工作手册式教材编写的新模式,是知识体系与行动体系并行应用的实际做法。教材的手册化查询功能更体现工作性,加入对专业术语的解释,设计具体案例,亦具备教材的指导功能。

2. 图表并用,图文并茂。设计的表格中包含主题范围内重要的指标、类型、尺寸、标准值和具体应用,清晰易懂,对应性更强。图与内容均进行了应用化处理,更符合学生的阅读习惯。

3. 使用多种颜色做重点强调和区域划分，更醒目。

4. 全书引用了 2021 年 1 月实施的最新国家标准，可提供准确的标准查询信息。

5. 由吉林电子信息职业技术学院与吉林江机工模具有限公司共同编写、审核，编写内容符合高等职业教育教材校企共建共用的要求。

6. 全书加入了信息化教学资源。信息化教学资源属于教学资源库中的动态资源，可对教材中的文字内容起到补充说明的作用，并具有可持续更新的特点。学生可扫码了解动态的知识内容，降低了学习的难度。

本书由朱楠、葛茂昱任主编，郑生智、马斌、郎加喜任副主编。全书由吉林江机工模具有限公司钳工高级技师杨占军主审。全书共分为 9 章，具体编写分工如下：朱楠编写钳工、钳工基本操作、金属材料与热处理部分；葛茂昱编写孔加工、常用量具部分；郑生智编写装配与锉配、钳工国家职业技能标准（2020 年版）部分；马斌负责标准化部分的编写；郎加喜负责职业规范与安全环保部分的编写。全书由朱楠统稿。

在编写过程中，尽管我们尽心尽力，但由于水平所限，书中不妥之处在所难免，恳请广大读者批评指正并将意见或建议反馈至 E – mail：zhunan1210@126.com。

编　者

2024 年 12 月

目 录

动态资源索引

序号	内容	页码	二维码	序号	内容	页码	二维码
21	平面的锉削方法	27		33	沉头铆钉铆接过程	38	
22	外圆弧曲面的锉削	28		34	矫正	42	
23	内圆弧曲面的锉削	28		35	弯曲	44	
24	平面刮刀	32		36	研磨平板	49	
25	曲面刮刀	33		37	研磨环	49	
26	挺刮法	33		38	手工研磨方法	51	
27	手刮法	33		39	一般平面的研磨	52	
28	錾子	35		40	窄平面的研磨	52	
29	錾子种类	35		41	抛光	55	
30	平面錾削	35		42	钻削运动	57	
31	錾子握法	36		43	麻花钻的组成	57	
32	挥锤方法	36		44	麻花钻工作部分的组成	57	

基本概念

钳工是使用各种手工操作技术装备,主要从事工件的划线与加工、机器的装配与调试、设备的安装与维修、工具的制造与修理等工作的工种,应用在以机械加工方法不方便或难以解决的场合。其特点是以手工操作为主、灵活性强、工作范围广、技术要求高,操作者的技能水平直接影响产品质量。因此,钳工是机械制造业中不可缺少的工种。

钳工的分类

钳工主要分为装配钳工、机修钳工、工具钳工。装配钳工主要从事零件加工及机器设备的装配、调整工作;机修钳工主要从事机器设备的安装、调试和维修工作;工具钳工主要从事工具、夹具、量具、辅具、模具、刀具的制造和修理工作。

钳工基本操作技能

划线

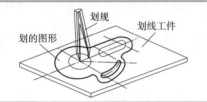

在毛坯或工件上,用划线工具划出待加工部位的轮廓线或作为基准的点、线称为划线。

錾削

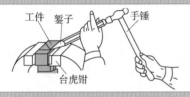

用手锤打击錾子对金属进行切削加工的操作方法称为錾削。

锯削

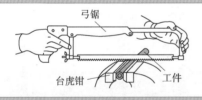

用手锯把材料或零件进行分割或切槽等的加工方法称锯削。

锉削

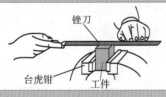

用锉刀从工件表面锉掉多余金属的加工称为锉削。

钻孔

用钻头在实体材料上加工孔的方法称为钻孔。

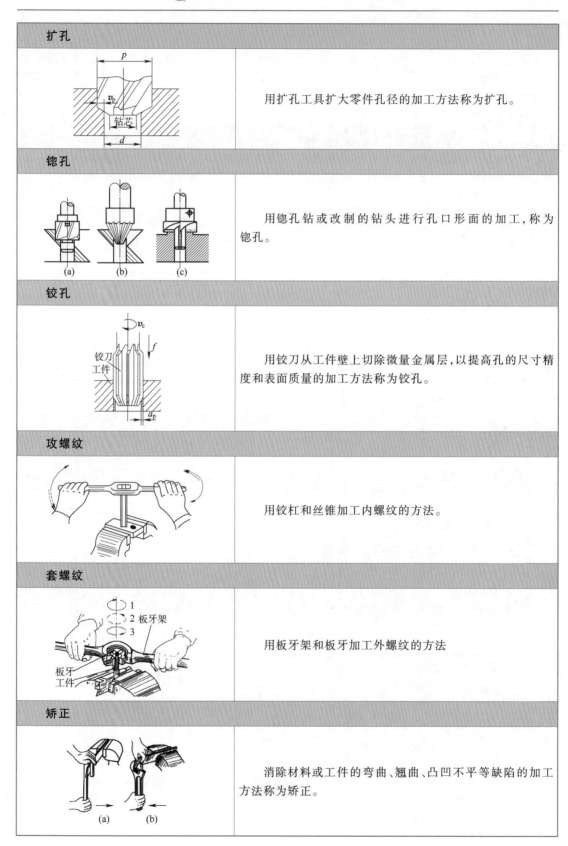

扩孔	用扩孔工具扩大零件孔径的加工方法称为扩孔。
锪孔	用锪孔钻或改制的钻头进行孔口形面的加工,称为锪孔。
铰孔	用铰刀从工件壁上切除微量金属层,以提高孔的尺寸精度和表面质量的加工方法称为铰孔。
攻螺纹	用铰杠和丝锥加工内螺纹的方法。
套螺纹	用板牙架和板牙加工外螺纹的方法
矫正	消除材料或工件的弯曲、翘曲、凸凹不平等缺陷的加工方法称为矫正。

弯形	
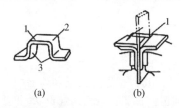	将坯料弯成所需形状的加工方法称为弯形。
铆接	
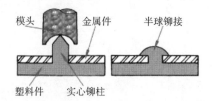	借助铆钉形成不可拆连接称为铆接。
刮削	
	用刮刀在工件已加工表面上刮去一层薄金属的加工方法称为刮削。
研磨	
	用研磨工具（研具）和研磨剂从工件表面磨掉一层极薄的金属,使工件表面获得精确的尺寸、形状和极小的表面粗糙度值的加工方法称为研磨。
抛光	
	通过抛光工具和抛光剂对工件进行极其细微切削的加工方法,其切削作用包含着物理和化学的综合作用。

测量

　　使用测量工具对零件的几何量进行测量和检验的一门技术,其中零件的几何量包括长度、角度、几何形状、相互位置以及表面粗糙度等。在机械制造业中,判断加工完成的零件是否符合设计要求,需要通过测量技术来进行。

装配

　　任何一台机器设备都由许多零件所组成。将若干合格的零件按规定的技术要求组合成部件,或将若干零件和部件组合成机器设备,并经过调整、试验等成为合格产品的工艺过程称为装配。

钳台

　　钳台又称钳工台或钳桌,用木材或钢材制成,其式样可以根据要求和条件决定,主要作用是安装台虎钳。

　　钳台台面一般是长方形,长、宽尺寸由工作需要决定,高度一般以 800 ~ 900 mm 为宜,以便安装上台虎钳后,让钳口的高度与一般操作者的手肘平齐,使操作方便省力。

钳工工作场地

钳工技术工作手册

钳工技术工作手册

台虎钳

用途:台虎钳专门用于夹持工件。

规格:台虎钳的规格是指钳口的宽度,常用的有 100 mm、125 mm、150 mm 等。

类型:有固定式和回转式两种。

使用注意事项:

1. 夹紧工件时松紧要适当,只能用手力拧紧,而不能借用助力工具加力,一是防止丝杠与螺母及钳身损坏;二是防止夹坏工件表面。

2. 强力作业时,力的方向应朝固定钳身,以免增加活动钳身和丝杠、螺母的负载,影响其使用寿命。

3. 不能在活动钳身的光滑平面上敲击作业,以防止破坏它与固定钳身的配合性。

4. 对丝杠、螺母等活动表面,应经常清洁、润滑,以防止生锈。

台虎钳使用
注意事项

台虎钳维
修与保养

砂轮机

用途:磨削各种刀具或工具。

使用注意事项:

1. 砂轮机的旋转方向要正确。

2. 砂轮起动后,应等砂轮旋转平稳后再开始磨削,若发现砂轮跳动明显,应及时停机修整。

3. 砂轮机的搁架与砂轮之间的距离应保持在 3 mm 以内,以防止磨削件轧人,造成事故。

4. 磨削过程中,操作者应站在砂轮的侧面或斜对面,而不要站在正对面。

5. 严禁使用砂轮机磨削有色金属。

6. 使用时,戴好防护眼镜。

台式钻床

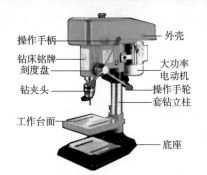

操作手柄　　　　　外壳

钻床铭牌　　　　　大功率
刻度盘　　　　　　电动机

钻夹头　　　　　　操作手轮
　　　　　　　　　套钻立柱

工作台面

　　　　　　　　　底座

台式钻床是一种小型钻床,一般用来钻直径为 13 mm 以下的孔,台式钻床的规格是指所钻孔的最大直径,常用的有 6 mm、12 mm 等几种规格。安装在钳工台上使用,多为手动进钻。

台式钻床

钳工技术工作手册

立式钻床	
	工作台和主轴箱可以在立柱上垂直移动,用于加工中小型工件。一般用来钻中小型工件上的孔,其规格有 25 mm、35 mm、40 mm、50 mm 等几种。  立式钻床
卧式钻床	
	主轴水平布置,主轴箱可垂直移动的钻床。一般比立式钻床加工效率高,可多面同时加工。
摇臂钻床	
	主轴箱能在摇臂上移动,摇臂能回转和升降,工件固定不动,适用于加工大而重和多孔的工件,广泛应用于机械制造中。  摇臂钻床

钻床使用时的注意事项

1. 工作前要对钻床和工、夹具进行全面检查,确认无误方可操作。

2. 工件装夹必须牢固可靠。钻削小工件时,应用工具夹持,不准用手拿着钻。工作中严禁戴手套。

3. 使用自动走刀时,要选好进给速度,调整好行程限位块。手动进刀时,逐渐增加压力或逐渐减小压力,以免用力过猛造成事故。

4. 钻头上缠有长铁屑时,要停车清理,用刷子或铁钩清除,严禁用手拉。

5. 精铰深孔、拔锥棒时,不可用力过猛,以免手撞在刀具上。

6. 在刀具旋转时,不准翻转、夹压或测量工件。手不准触摸旋转的刀具。

7. 使用摇臂钻时,横臂回转范围内不准站人,不准有障碍物。工作时横臂必须夹紧。

8. 横臂及工作台上不准堆放物件。

9. 工作结束时,将横臂降到最低位置,主轴箱靠近主轴,并且要夹紧。

概述

定义:在毛坯或工件上,用划线工具划出待加工部位的轮廓线或作为基准的点、线称为划线。

划线的作用:一是确定零件或加工面的位置与加工余量,给下道工序划定加工的尺寸界线;二是检查毛坯的质量,补救或处理不合格的毛坯,避免不合格毛坯流入加工中造成损失。

分类:划线分为平面划线和立体划线两种。按在加工过程中的作用,又分为找正线、加工线和检验线。

划线及其分类

划线工具

基准工具

划线时安放零件,利用其一个或几个尺寸精度及形状位置精度较高的表面作为引导划线质量的工具,称基准工具。常用的划线基准工具有划线平板、方箱、直角铁、活角铁、中心规、曲线板、万能划线台、过线台等。

	**平板** 用铸铁制成,表面经过精刨或刮削加工。它的工作表面是划线及检测的基准。
	**方箱** 方箱是用灰铸铁制成的空心立方体或长方体,其相对平面互相平行,相邻平面互相垂直。划线时,可用 C 形夹头将工件夹于方箱上,再通过翻转方箱,便可在一次安装情况下,将工件上互相垂直的线全部划出来。方箱上的 V 形槽平行于相应的平面,用于装夹圆柱形工件。
	**V 形架** 一般 V 形架都是一副两块,两块的平面与 V 形槽都是在一次安装中磨削加工的。V 形槽夹角为 90° 或 120°,用来支承轴类零件,带 U 形夹的 V 形架可翻转三个方向,在工件上划出相互垂直的线。
	**角铁** 角铁一般是用铸铁制成的,它有两个互相垂直的平面。角铁上的孔或槽用于搭压板时穿螺栓。

量具

划线中常用的量具有钢卷尺、钢直尺、游标高度尺、万能角度尺等。

	**游标高度尺** 游标高度尺是一种划线与测量结合的精密工具，要注意保护划刀刃(有的划刀刃焊有硬质合金)。
	**90°角尺** 在划线时常用作画平行线或垂直线的导向工具，也可用来找正工件在划线上的垂直位置。

绘划工具

绘划工具是直接用来在工件上划线的工具。常用划线工具有划线盘、划针、划规、单脚划规、样冲、分度头等。

	**划线盘** 划线盘是用来在工件上划线或找正工件位置常用的工具。划针的直头一端(焊有高速钢或硬质合金)用来划线，而弯头一端常用来找正工件位置。划线时划针应尽量处于水平位置，不要倾斜太大，划针伸出部分应尽量短些，并要牢固地夹紧。操作时划针应与被划线工件表面之间保持 40°~60°夹角(沿划线方向)。
	**划针** 划针是划线用的基本工具。常用的划针是用直径 $\phi3 \sim \phi6$ mm 弹簧钢丝或高速钢制成，尖端磨成15°~20°的尖角，并经过热处理，硬度可达 55~60 HRC。有的划针在尖端部位焊有硬质合金，使针尖能长期保持锋利。划线时针尖要靠紧导向工具的边缘，上部向外侧倾斜15°~20°，向划线方向倾斜45°~75°。划线要做到一次划成，不要重复地划同一根线条。力度适当，才能使划出的线条既清晰又准确，否则线条变粗，反而模糊不清。 划针及其使用方法

钳工技术工作手册

	划规
	划规用来划圆和圆弧、等分线段、等分角度以及量取尺寸等。划规用中碳钢或工具钢制成,两个划规脚尖端经过热处理,硬度可达48～53 HRC。有的划规在两脚端部焊上一段硬质合金,使用时耐磨性更好。 　常用划规有普通划规、扇形划规、弹簧划规三种。 　使用划规划圆有时两尖脚不在同一平面上,即所划线中心高于(或低于)所划圆周平面,则两尖角的距离就不是所划圆的半径,此时应把划规两尖脚的距离调为 $$R = \sqrt{r^2 + h^2}。$$ 式中　r——所划圆的半径,mm; 　　　　h——划规两尖脚高低差的距离,mm。
	大尺寸划规
	大尺寸划规是专门用来划大尺寸圆或圆弧的。在滑杆上调整两个划规脚,就可得到所需的尺寸。
	游标划规
	游标划规又称"地规"。游标划规带有游标刻度;游标划针可调整距离,另一划针可调整高低;适用于大尺寸划线和在阶梯面上划线。
	专用划规
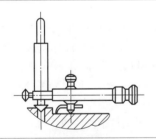	与游标划规相似,可利用零件上的孔为圆心划同心圆或弧,也可以在阶梯面上划线。
	单脚划规
	单脚划规是用碳素工具钢制成,划线尖端焊有高速钢。 　单脚划规用来划圆形工件中心操作比较方便。也可沿加工好的直面划平行线。

钳工技术工作手册

	样冲
	样冲是用工具钢制成并经热处理,硬度可达 55 ~ 60 HRC,其尖角磨成 60°,也可用报废的刀具改制。 使用时样冲应先向外倾斜,以便于样冲尖对准线条,对准后再立直,用锤子锤击。
	分度头
	分度头是用来对工件进行等分、分度的重要工具,是铣床加工的一个重要附件,钳工常用它来划线。将分度头放在划线平板上,工件夹持在分度头的三爪自定心卡盘上,配以高度游标卡尺,即可对工件进行分度、等分或划平行线、垂直线、倾斜角度线和圆的等分线或不等分线等。其特点是使用方便,精确度较高。

辅助工具

主要起划线时的辅助作用。包括垫铁、千斤顶、C 形夹头和夹钳以及找中心划圆时打入工件孔中的木条、铅条等。

	千斤顶
	千斤顶是用来支持毛坯或形状不规则的工件而进行立体划线的工具。它可调整工件的高度,以便安装不同形状的工件。 用千斤顶支持工件时,一般要同时用三个千斤顶支承在工件的下部,三个支承点离工件重心应尽量远一些。三个支承点所组成的三角形面积应尽量大,在工件较重的一端放两个千斤顶,较轻的一端放一个千斤顶,这样比较稳定。 带 V 形架的千斤顶,用于支持工件的圆柱面。
	斜垫铁
	用来支持和垫高毛坯工件,能对工件的高低作少量的调节。

中心架	
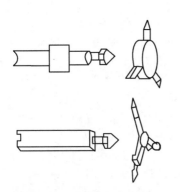	调整带尖头的可伸缩螺钉,可将中心架固定在工件的中心孔中,以便于划中心线时在其上定出孔的中心。

划线涂料

名称	应用场合	配制比例
石灰水	大中型铸件和锻件毛坯	稀糊状石灰水加适量骨胶或桃胶。
蓝油	已加工表面	品紫(青莲、普鲁士蓝)2%～4% 加漆片(洋干漆)3%～5% 和91%～95% 酒精混合而成。
硫酸铜溶液	形状复杂的零件或已加工表面	100 g 水中加 1～1.5 g 硫酸铜和少许硫酸。

平面划线

只需在零件一个表面上划线即能明确表示零件加工界线的称平面划线。平面划线分几何划线法和样板划线法两种。

平面划线基本方法

几何划线法	根据零件图的要求,直接在毛坯或零件上利用几何作图的基本方法划出加工界线的方法。它的基本线条有平行线、垂直线、圆弧与直线或圆弧与圆弧的连接线、圆周等分线、角度等分线等,其划线方法都和平面几何作图方法一样,划线过程不再赘述。
样板划线法	将根据零件尺寸和形状要求划好线并加工成形的样板,放置在毛坯合适的位置划出加工线的方法。它适用于平面形状复杂、批量大、精度要求一般的场合。其优点是容易对正基准,加工余量留得均匀,生产效率高。在板料上用样板划线,可以合理排料,提高材料利用率。

常用的平面划线方法	
	等分直线 AB 为 5 等分（或若干等分） 1. 作线段 AC 与已知直线 AB 成 20°～40°夹角。 2. 由 A 点起在 AC 上截取等分点 a、b、c、d，将 AC 五等分。 3. 连接 BC。过 d、c、b、a 四点分别作 BC 的平行线。各平行线在 AB 上的交点 d′、c′、b′、a′ 即为等分点。
	作与 AB 距离为 R 的平行线 1. 在已知直线 AB 上任意取两点 a、b。 2. 分别以 a、b 两点为圆心，R 为半径，在同侧作圆弧。 3. 作两圆弧的公切线，即为所求的平行线。
	过线外一点 P，作线段 AB 的平行线 1. 在线段 AB 的中间任取一点 O。 2. 以 O 为圆心，OP 为半径作圆弧，交 AB 于 a、b 两点。 3. 以 b 点为圆心，aP 为半径作圆弧，交圆弧 $\overparen{ab}$ 于 c 点。 4. 连接 Pc，即为所求平行线。
	过已知线段 AB 的端点 B 作垂线 1. 以 B 为圆心，取 Ba 为半径作圆弧交线段 AB 于 a 点。 2. 以 aB 为半径，在圆弧上截取 $\overparen{ab}$ 和 $\overparen{bc}$。 3. 分别以 b、c 两点为圆心，Ba 为半径作画弧，得交点 d。连接 dB，即为所求垂线。
	求作 15°、30°、45°、60°、75°、120°角 1. 以直角的顶点 O 为圆心，任意长为半径作圆弧，与直角边 OA、OB 交于 a、b 两点。 2. 以 Oa 为半径，分别以 a、b 为圆心作圆弧，交圆弧 $\overparen{ab}$ 于 c、d 两点。 3. 连接 Oc、Od，则∠bOc、∠cOd、∠dOa 均为 30°角。 4. 用等分角度的方法，亦可作出 15°、45°、60°、75° 及 120°角。
	任意角度的近似作法 1. 作直线 AB。 2. 以 A 为圆心，57.4 mm 为半径作圆弧 $\overparen{CD}$。 3. 以 D 为圆心，10 mm 为半径在圆弧 $\overparen{CD}$ 上截取，得 E 点。 4. 连接 AE，则∠EAD 近似为 10°，半径每 1 mm 所截弧长近似为 1°。
	求已知弧的圆心 1. 在已知圆弧 $\overparen{AB}$ 上取点 N_1、N_2、M_1、M_2，并分别作线段 N_1N_2 和 M_1M_2 的垂直平分线。 2. 两垂直平分线的交点 O，即为圆弧 $\overparen{AB}$ 的圆心。

	作圆弧与两相交直线相切 　　1. 在两相交直线的锐角 ∠BAC 内侧,作与两直线相距为 R 的两条平行线,得交点 O。 　　2. 以 O 点为圆心、R 为半径作圆弧,即成。
	作圆弧与两圆外切 　　1. 分别以 O_1 和 O_2 为圆心,以 $R_1 + R$ 及 $R_2 + R$ 为半径作圆弧交于 O 点。 　　2. 连接 O_1O 交已知圆于 M 点,连接 O_2O 交已知圆于 N 点。 　　3. 以 O 点为圆心、R 为半径作圆弧,即成。
	作圆弧与两圆内切 　　1. 分别以 O_1 和 O_2 为圆心,$R - R_1$ 和 $R - R_2$ 为半径作弧交于 O 点。 　　2. 以 O 点为圆心、R 为半径作圆弧,即成。
	把圆周五等分 　　1. 以 A 为圆心 OA 为半径画弧交圆周于 B、C 点。 　　2. 连接 BC 得 OA 的中点 E。 　　3. 以 E 点为圆心、EC 为半径作圆弧交 AB 于 F 点,CF 即为圆周五等分的弦长度。
	任意等分半圆 　　1. 将圆的直径 AB 分为任意等分,得交点 1,2,3,4… 　　2. 分别以 A、B 为圆心,AB 为半径作圆弧交于 O 点。 　　3. 连接 O1、O2、O3、O4…,并分别延长交半圆于 1′、2′、3′、4′…,1′、2′、3′、4′…各点即为半圆的等分点。
	作正八边形 　　1. 作正方形 ABCD 的对角线 AC 和 BD,交于 O 点。 　　2. 分别以 A、B、C、D 为圆心,AO、BO、CO、DO 为半径作圆弧,交正方形于 a、a′、b、b′、c、c′、d、d′ 共 8 个点。 　　3. 连接 bd,ac,d′b′、c′a′ 即得正八边形
	卵圆形 　　1. 作线段 CD 垂直 AB,相交于 O 点。 　　2. 以 O 点为圆心、OC 为半径作圆,交 AB 于 G 点。 　　3. 分别以 D、C 点为圆心,DC 为半径作圆弧交于 e 点。 　　4. 连接 DG、CG 并延长,分别交圆弧于 E、F 点。 　　5. 以 G 点为圆心、GE 为半径作圆弧,即得卵圆形。

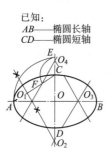已知: *AB*——椭圆长轴 *CD*——椭圆短轴	**椭圆(4心法)** 1. *AB* 为椭圆长轴, *CD* 为椭圆短轴,划 *AB* 和 *CD* 且相互垂直,交点为 *O* 点。 2. 连接 *AC*,并以 *O* 点为圆心、*OA* 为半径作圆弧,交 *OC* 的延长线于 *E* 点。 3. 以 *C* 点为圆心、*CE* 为半径作圆弧,交 *AC* 于 *F* 点。 4. 划 *AF* 的垂直平分线,交 *AB* 于 O_1,交 *CD* 延长线于 O_2,并截取 O_1 和 O_2 对于 *O* 点的对称点 O_3 和 O_4。 5. 分别以 O_1、O_2 和 O_3、O_4 为圆心,O_1A、O_2C 和 O_3B、O_4D 为半径作出四段圆弧,光滑连接后即得椭圆。
已知: *AB*——椭圆长轴 *CD*——椭圆短轴 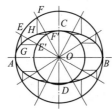	**椭圆(同心圆法)** 1. 以 *O* 点为圆心,分别以椭圆长、短轴 *AB* 和 *CD* 为直径作两个同心圆。 2. 通过 *O* 点按 12 等分圆周划一系列射线,与两圆相交得 *E*、*E'*、*F*、*F'*…交点。 3. 分别过 *E*、*F*…和 *E'*、*F'*…点,划 *AB* 和 *CD* 的平行线相交于 *G*、*H*…点。 4. 光滑连接 *A*、*G*、*H*、*C*…点后即得椭圆。
已知: *D*——基圆直径 πD	**渐开线** 1. 以直径 *D* 划渐开线的基圆,并等分圆周(图上为 12 等分),得各等分点 1、2、3…12。 2. 从各等分点分别划基圆的切线。 3. 在切点 12 的切线上截取 12—12′ = π*D*,并 12 等分该线段得各等分点 1′、2′、3′…12′。 4. 在基圆各切线上依次截取线段,使其长度分别为 1—1″ = 12—1′、2—2″ = 12—2′…11—11″ = 12—11′。 5. 光滑连接 12、1″、2″…12″各点即为已知基圆的渐开线。
已知: *R*——螺旋升量 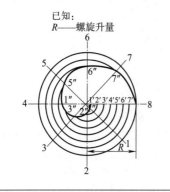	**阿基米德螺旋线(等速运动曲线)** 1. 过半径为 *R* 的圆的圆心 *O* 作若干等分线 *O*—1、*O*—2、*O*—3 …*O*—8 等分圆周(图上为 8 等分)。 2. 将 *O*—8 分成相同的 8 等分,得各等分点 1′、2′、3′…8′。 3. 过各等分点作同心圆与相应的等分线交于 1″、2″、3″…8 各点。 4. 光滑连接各交点,即得阿基米德螺旋线。

钳工技术工作手册

立体划线

立体划线是在零件的两个以上的表面上划线。一般采用零件直接翻转法。划线过程中涉及基准选择、零件或毛坯的放置、找正、借料等方面。

划线基准的选择

划线时,要选择工件上某个点、线或面作为依据,用它来确定工件其他的点、线、面尺寸和位置,这个依据称为划线基准。

类型

尺寸基准	在选择划线尺寸基准时,应先分析图样,找正设计基准,使划线的尺寸基准与设计基准一致,从而能够直接量取划线尺寸,简化换算过程。
放置基准	划线尺寸基准选好后,就要考虑工件在划线平板或方箱、V 形架上的放置位置,即找出工件最合理的放置基准。
校正基准	选择校正基准,主要是指毛坯工件放置在平台上后,校正哪个面(或点和线)的问题。通过校正基准,能使工件上有关的表面处于合适的位置。

选择原则

1. 划线基准应尽量与设计基准重合。
2. 对称形状的工件,应以对称中心线为基准。
3. 有孔或凸台的工件,应以主要的孔或凸台的中心线为基准。
4. 在未加工的毛坯上划线,应以主要不加工面作基准。
5. 在加工过的工件上划线,应以加工过的表面作基准。

需要说明

平面划线时一般要划两个互相垂直方向的线条,立体划线时一般要划三个互相垂直方向的线条。因为每划一个方向的线条,就必须确定一个基准,所以平面划线时要确定两个基准,而立体划线时则要确定三个基准。无论平面划线还是立体划线,它们的基准选择原则是一致的,所不同的是把平面划线的基准线变为立体划线的基准平面或基准中心平面。

常用划线基准类型

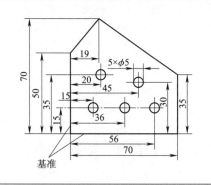

基准

以两个互相垂直的平面(或线)为基准

　　零件在两个相互垂直的平面(在图样上是一条线)的方向上都有尺寸要求,因此,应以两个平面为尺寸基准。

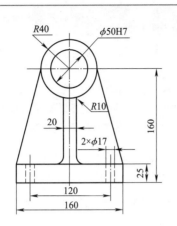	**以一个平面(或直线)和一条中心线为基准** 　　零件高度方向的尺寸一般是以底面为依据,宽度方向的尺寸对称于中心线,因此在划高度尺寸线时应以底平面为尺寸基准,划宽度尺寸线时应以中心线为尺寸基准。
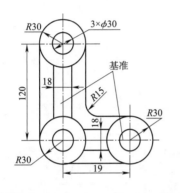	**以两条相互垂直的中心线为基准** 　　零件两个方向尺寸与其中心线具有对称性,并且其他尺寸也是从中心线开始标注。因此在划线时应选择中心十字线为尺寸基准。

零件或毛坯的放置

　　立体划线时通常要利用方箱、角铁、千斤顶、角度垫铁等工具,把工件放置在划线平台上。一般比较复杂工件的划线要经过三次放置(即 x、y、z 空间三轴线位置),才能完全划出所要求的线条。对有角度尺寸要求的工件,甚至要放置四次或五次才能全部完成立体划线工作。其中第一次划线位置的选择特别重要,而且在每次放置中都要在前后、左右方向上把工件找正,使其所找正的基准与平台平行或垂直。

划线位置	划线位置选择原则	校正基准选择原则
第一划线位置	优先选择如下表面:零件上主要的孔、凸台中心线或重要的加工面。相互关系最复杂及所划线条最多的一组尺寸线;零件中面积最大的一面。	1. 以主要的孔或凸台的两端中心作校正基准。 2. 以不加工的最大毛坯面作校正基准。 3. 在加工过的工件上划线,应以最大加工面为校正基准。
第二划线位置	要使主要孔、凸台的另一中心线在第二划线位置划出。	1. 一个方向应以第一划线位置中划出的最长线条作校正基准。 2. 另一方向仍选择主要孔、凸台中心或不加工的最大毛坯面,若加工过的工件应以加工过的最大面为校正基准。

钳工技术工作手册

第三划线位置	通常选择与第一和第二划线位置相垂直的表面,该面一般是次要的、面积较小的、线条相互关系较简单且较少的表面。	1. 一个方向以第一划线位置中所划的最长线条作校正基准。 2. 另一方向以第二划线位置中所划的最长线条作校正基准。

零件或毛坯的找正

1. 若毛坯工件上有不加工表面时,应按不加工表面校正后再划线,这样可使待加工表面与不加工表面之间的尺寸均匀。

2. 若工件上有两个以上的不加工表面时,应选择其中面积较大、较重要或外观质量要求较高的面作为校正基准,并兼顾其他较次要的不加工表面。这样可使划线后各不加工面之间厚度均匀,并使其形状误差反映到次要部位或不显著的部位上。

3. 当工件毛坯上没有不加工表面时,通过对各待加工表面自身位置的校正后再划线。这样能使各加工表面的加工余量得到合理均匀的分布。

4. 对于有装配关系的非加工部位,应优先作为校正基准,以保证工件经划线和加工后能顺利地进行装配。

零件的借料

对有些铸件或锻件毛坯,按划线基准进行划线时,会出现零件毛坯某些部位的加工余量不够。如果通过调整和试划,将各部位的加工余量重新分配,以保证各部位的加工表面均有足够的加工余量,使有误差的毛坯得以补救,这种用划线来补救的方法称为借料。

对毛坯零件借料划线的步骤

1. 测量毛坯件的各部尺寸,划出偏移部位及偏移量。

2. 根据毛坯偏移量,对照各表面加工余量,分析此毛坯是否能够划线,如确定能够划线,则应确定借料的方向及尺寸,划出基准线。

3. 按图样要求,以基准线为依据,划出其余所有的线。

4. 复查各表面的加工余量是否合理,如发现还有表面的加工余量不够,则应继续借料重新划线,直至各表面都有合适的加工余量为止。

划线步骤

划线前的准备工作	1. 若是铸件毛坯,应先将残余型砂、毛刺、浇口及冒口进行清理、錾平,并且锉平划线部位的表面。对锻件毛坯,应将氧化皮除去。对于"半成品"的已加工表面,若有锈蚀,应用钢丝刷将浮锈刷去,修钝锐边,油污擦净。 2. 按图样和技术要求仔细分析工件特点和划线要求,确定划线基准及放置支承位置,并检查工件的误差和缺陷,确定借料的方案。 3. 为了划出孔的中心,在孔中要装入中心塞块。一般小孔多用木塞块或铅塞块,大孔用中心架。 4. 划线部位清理后应涂色。要将涂料涂得不仅均匀而且要薄。	划线
划线	1. 把工件夹持稳当,调整支承、找正,结合借料方案进行划线。 2. 先划基准线和位置线再划加工线,即先划水平线再划垂直线、斜线,最后划圆、圆弧和曲线。 3. 立体工件按上述方法进行翻转放置依次划线。	
检查、打样冲眼	1. 对照图样和工艺要求,对工件依划线顺序从基准开始逐项检查,对错划或漏划应及时改正,保证划线的准确。 2. 检查无误后在加工界线上打样冲眼。样冲眼必须打正,毛坯面要适当深些,已加工面或薄板件要浅些、稀些。精加工表面和软材料上可不打样冲眼。	

17

概述

用手锯把材料或零件进行分割或切槽等的加工方法称锯削。锯削是一种粗加工,平面度一般可控制在 0.2 mm 之内。它具有操作方便、简单、灵活的特点,应用较广。

锯削工具

手锯的构造

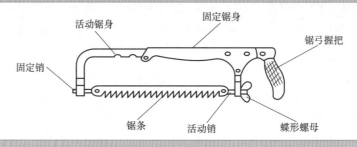

锯弓和锯条

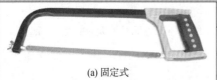

(a) 固定式

(b) 可调整式

锯弓
锯弓的形式有两类:固定式和可调整式。 　　固定式锯弓的长度不能变动,只能使用单一规格的锯条。 　　可调整式锯弓可以使用不同规格的锯条,握把形状便于用力,故目前广泛使用。

锯弓

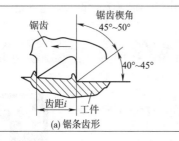

(a) 锯条齿形

锯条
锯条由碳素工具钢制成,并经淬火处理。根据工件材料及厚度选择合适的锯条。其规格以锯条两端安装孔之间的距离表示。常用的锯条约长 300 mm、宽 12 mm、厚 0.8 mm。

锯条

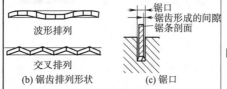

(b) 锯齿排列形状　(c) 锯口

　　锯齿的排列有交叉形和波浪形,以减少锯口两侧与锯条间的摩擦

锯条的种类及用途

锯齿粗细	每 25 mm 长度内含齿数目	用　　途
粗齿	14 ~ 18	锯铜、铝等软金属及厚工件
中齿	24	加工普通钢、铸铁及中等厚度的工件
细齿	32	锯硬钢板料及薄壁管子

钳工技术工作手册

锯削方法

锯条的安装

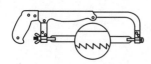

　　锯条安装在锯弓上,锯齿应向前,松紧应适当,一般用两手指的力能旋紧为止。锯条安装好后,不能有歪斜和扭曲,否则锯削时易折断。

工件的安装

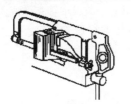

　　工件伸出钳口不应过长,以防止锯削时产生振动。锯线应和钳口边缘平行,并夹在台虎钳的左边,以便操作。工件要夹紧,并应防止变形和夹坏已加工的表面。

工件装夹

手锯握法

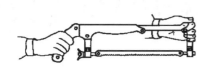

　　右手握锯柄,左手轻扶弓架前端。

握锯方法

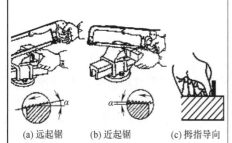

(a) 远起锯　　(b) 近起锯　　(c) 拇指导向

　　锯削时,应注意起锯、锯削压力、锯削速度和往返长度。起锯时,锯条应对工件表面稍倾斜,有一起锯角 α(1°~15°),但不宜过大,以免崩齿。为防止锯条滑动,可用手指甲挡住锯条,用以导向。

　　角度件装卡与起锯方法可扫码了解。

起锯方法

角度件装夹
与起锯方法

开始锯削

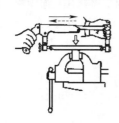

　　锯削时,锯弓作往返直线运动,左手施压,右手推进,用力要均匀。返回时,锯条轻轻滑过加工面,速度不宜太快,锯削开始和终了时,压力和速度均应减少。

锯割

锯削姿势与速度	
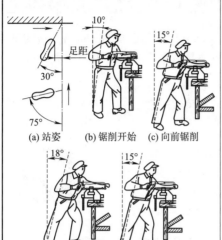 (a) 站姿　(b) 锯削开始　(c) 向前锯削 (d) 再向前锯削　(e) 向后拉锯	1. 锯削姿势如图所示。 2. 锯削速度以每分钟 20～40 次为宜。锯硬材料时,应采用大压力慢移动;锯软材料时,可适当加速减压力。为减轻锯条的磨损,必要时可加乳化液或机油等切削液。 3. 锯条应利用全部长度,即往返长度应不小于全长的 2/3,以免造成局部磨损。锯缝如歪斜,不可强扭,应将工件翻转 90°重新起锯。

不同型材锯割方式

扁钢锯削方法	
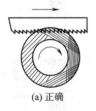 (a) 正确　　　(b) 不正确	为了得到整齐的削口,应从扁钢较宽的面下锯,这样锯缝的深度较浅,锯条不易卡住。

圆管锯削方法	
 (a) 正确　　　(b) 不正确	锯削直径较大的薄壁管子时,一般用细齿锯条。锯削时不要从一个方向锯到底,应在管壁被锯透时,将圆管向锯条方向转动,锯条仍然从原锯缝锯下,锯销薄壁管子和精加工过的管子时,应将管子水平夹在两块 V 形木衬垫之间进行锯割,以防夹扁和夹坏表面。

槽钢锯削方法	
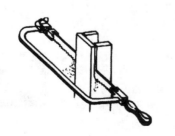	锯法同锯削扁钢方法相同。槽钢从三面来锯,角钢从两面来锯,使用薄板锯削方法。锯削薄板时,工件易振动和变形,锯齿容易被钩住造成崩齿。可将薄板工件夹持在两木板之间,然后按线锯下。 锯深缝时,先用正常安装的锯条一直锯到锯弓将要碰到工件为止,然后将锯条转过 90°安装后,如图所示完成锯割。

锯条损坏原因及锯削的废品形式

锯条损坏形式与原因

	原因
锯齿崩断	1. 锯薄壁管子和薄板料时没有选用细齿锯条。 2. 起锯角太大或采用近起锯时用力过大。 3. 锯削时突然加大压力,锯齿容易被工件棱边钩住而崩断。
	原因
锯条折断	1. 锯条装的过紧或过松。 2. 工件装夹不正确,锯削部位距钳口太远,以致产生抖动或松动。 3. 锯缝歪斜后强行纠正,使锯条被扭断。 4. 用力太大或锯削时突然加大压力。 5. 新换锯条在旧锯缝中被卡住而折断。一般要改换方向再锯,如只能从旧锯缝锯下去,则应减慢速度和压力,并要特别细心。 6. 工件锯断时没有及时掌握好,使手锯与台虎钳等相撞而折断锯条。
	原因
锯齿过早磨损	1. 锯削速度太快,使锯条发热过度而退火。 2. 锯削较硬材料时没有冷却或润滑措施。 3. 锯削过硬的材料。

锯削时产生废品的原因

1. 尺寸锯的过小:锯缝偏斜,未按照图样正确划线。
2. 锯缝歪斜过多:起锯偏斜,锯条安装过松,锯割姿势不正确。
3. 起锯时把工件已加工表面划伤:起锯方式不正确。

锯削注意事项

1. 锯削时,用力要平稳,动作要协调,切忌猛推或强扭。
2. 要防止锯条折断时从锯弓上弹出伤人。
3. 工件装卡应正确牢靠,防止锯下部分跌落时砸伤身体。

概述

用锉刀从工件表面锉掉多余金属的加工称为锉削。锉削可提高工件的精度和减少表面粗糙度 Ra 值。锉削是钳工最基本的操作方法,它多用于錾削或锯削之后,应用广泛。加工范围包括平面、曲面、内孔、台阶面及沟槽等。

平面锉削方法

锉削工具

锉刀构造

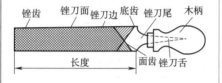

锉刀
由锉身和锉柄两部分组成,用碳素工具钢制成,并经淬硬处理。锉刀规格以工作部分的长度表示。一般分 100 mm、150 mm、200 mm、250 mm、300 mm、350 mm、400mm 等 7 种。

锉刀

锉齿
多是在剁锉机上剁出来的。齿纹呈交叉排列,构成刀齿,形成存屑槽。

锉刀手柄尺寸(单位:mm)

编　号	柄长 L	最大直径 D
1	80	18
2	90	20
3	100	22
4	110	25
5	120	32

锉刀的种类

锉齿粗细	齿数(10 mm 长度内)	特点和应用
粗齿	4 ~ 12	齿间大,不易堵塞,适宜粗加工或锉铜、铝等有色金属
中齿	13 ~ 23	齿间适中,适于粗锉后加工
细齿	30 ~ 40	锉光表面或锉硬金属
油光齿	50 ~ 62	精加工时修光表面

普通锉

图　　示	名称	应用		截面形状
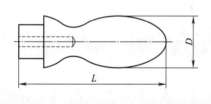	扁锉			

钳工技术工作手册

图　　示	名称	应用	截面形状
	半圆锉	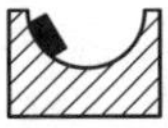	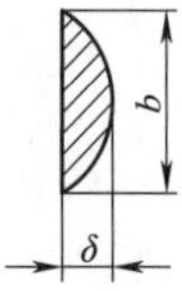
	方锉	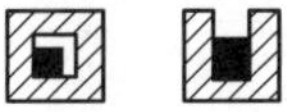	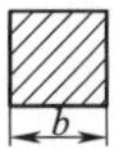
	三角锉		
	圆锉	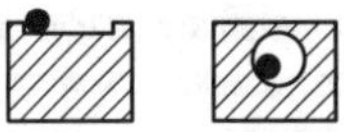	

钳工锉的基本尺寸（摘自 QB/T 2569.1—2002）（单位：mm）

规格	扁锉（尖头、齐头）			半圆锉			三角锉	方锉	圆锉
				—	薄型	厚型			
L	b	δ		b	δ	δ	b	b	d
100	12	2.5(3.0)		12	3.5	4.0	8.0	3.5	3.5
125	14	3.0(3.5)		14	4	4.5	9.5	4.5	4.5
150	16	3.5(4.0)		16	4.5	5.0	11.0	5.5	5.5
200	20	4.5(5.0)		20	5.5	6.5	13.0	7.0	7.0
250	24	5.5		24	7.0	8.0	16.0	9.0	9.0
300	28	6.5		28	8.0	9.0	19.0	11.0	11.0
350	32	7.5		32	9.0	10.0	22.0	14.0	14.0
400	36	8.5		36	10.0	11.5	26.0	18.0	18.0
450	40	9.5						22.0	

异形锉

名称	截面形状	名称	截面形状	名称	截面形状	名称	截面形状
菱形锉	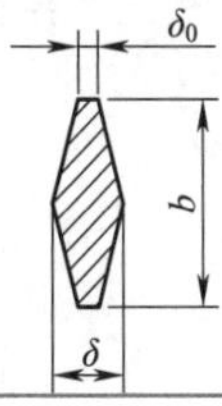	单面三角锉	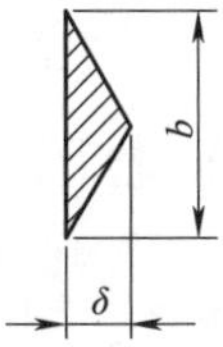	刀形锉		棱边锉	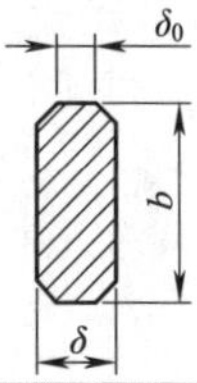

名称	截面形状	名称	截面形状	名称	截面形状		
双半圆锉		椭圆锉		圆边扁锉			

异形锉的基本尺寸(摘自 QB/T 2569.4—2002)(单位:mm)

规格	齐头扁锉		尖头扁锉		半圆锉		三角锉	方锉	圆锉	单面三角锉		刀形锉			双半圆锉		椭圆锉	
L	b	δ	b	δ	b	δ	b	b	d	b	δ	b	δ	δ_0	b	δ	b	δ
170	5.4	1.2	5.2	1.1	4.9	1.6	3.3	2.4	3.0	5.2	1.9	5.0	1.6	0.6	5.2	1.9	3.3	2.3

整形锉

整形锉刀尺寸较小,通常以 10 把形状各异的锉刀为一组,用于修锉小型工件以及某些难以进行机械加工的部位。

整形锉的基本尺寸(摘自 QB/T 2569.3—2002)(单位:mm)

规格	扁锉(尖头、齐头)		半圆锉		三角锉	方锉	圆锉	单面三角锉		刀形锉			双半圆锉		椭圆锉		圆边扁锉		菱形锉	
L	b	δ	b	δ	b	b	d	b	δ	b	δ	δ_0	b	δ	b	δ	b	δ	b	δ
100	2.8	0.6	2.9	0.9	1.9	1.2	1.4	3.4	1.0	3.0	0.9	0.3	2.6	1.0	1.8	1.2	2.8	0.6	2.8	0.6
120	3.4	0.8	3.3	1.2	2.4	1.6	1.9	3.8	1.4	3.4	1.1	0.4	3.2	1.2	2.2	1.5	3.4	0.8	3.4	0.8
140	5.4	1.2	5.2	1.7	3.6	2.6	2.9	5.5	1.9	5.4	1.7	0.6	5.0	1.8	3.4	2.4	5.4	1.2	5.4	1.2
160	7.3	1.6	6.9	2.2	4.8	3.4	3.9	7.1	2.7	7.0	2.3	0.8	6.3	2.5	4.4	3.2	7.3	1.6	7.3	1.6
180	9.2	2.0	8.5	2.9	6.0	4.2	4.9	8.7	3.4	8.7	3.0	1.0	7.8	3.4	6.4	4.3	9.2	2.0	9.2	2.0

锉刀分类、编号规则

按国家标准《钢锉通用技术条件》(GB/T 5806—2003)规定,锉刀编号依次由类别代号-型式代号-其他代号-规格-锉纹号组成。

类别	类别代号	型式代号	形式	类别	类别代号	型式代号	形式
钳工锉	Q	01	齐头扁锉	整形锉	Z	01	齐头扁锉
		02	尖头扁锉			02	尖头扁锉
		03	半圆锉			03	半圆锉
		04	三角锉			04	三角锉
		05	方锉			05	方锉
		06	圆锉			06	圆锉

类别	类别代号	型式代号	形式	类别	类别代号	型式代号	形式
异形锉	Y	01	齐头扁锉	整形锉	Z		
		02	尖头扁锉			07	单面三角锉
		03	半圆锉			08	刀形锉
		04	三角锉			09	双半圆锉
		05	方锉			10	椭圆锉
		06	圆锉			11	圆边扁锉
		07	单面三角锉			12	菱形锉
		08	刀形锉				
		09	双半圆锉				
		10	椭圆锉				

锉刀的其他代号规定

类型	代号	类型	代号	类型	代号
普通型	p	薄型	b	厚型	h
窄型	z	特窄型	t	螺旋型	s

锉刀选择

锉齿粗细的选择

锉刀锉齿粗细的选择取决于工件的加工余量、尺寸精度和表面粗糙度要求。

锉　　刀	适用场合		
	加工余量	尺寸精度/mm	表面粗糙度值 $Ra/\mu m$
1 号(粗齿锉刀)	0.5 ~ 1	0.2 ~ 0.5	100 ~ 25
2 号(中齿锉刀)	0.2 ~ 0.5	0.05 ~ 0.2	25 ~ 6.3
3 号(细齿锉刀)	0.05 ~ 0.2	0.02 ~ 0.05	12.5 ~ 3.2
4 号(双细齿锉刀)	0.1 ~ 0.2	0.01 ~ 0.02	6.3 ~ 1.6
5 号(油光锉)	<0.1	0.01	1.6 ~ 0.8

按工件材质选用锉刀

锉削废铁金属等软材料工件时,应选用单纹锉刀,否则只能选用粗锉刀。因为用细锉刀去锉软材料,易被切屑堵塞。锉削钢铁等硬材料工件时,应选用双齿纹锉刀。

按工件表面形状选择锉刀断面形状

锉刀的断面形状应根据被锉削零件的形状来选择,使两者的形状相适应。锉削内圆弧面时,要选择半圆锉或圆锉(小直径的工件);锉削内角表面时,要选择三角锉;锉削内直角表面时,可以选用扁锉或方锉等。选用扁锉锉削内直角表面时,要注意使锉刀没有齿的窄面(光边)靠近内直角的一个面,以免碰伤该直角表面。

按工件加工面的大小和加工余量多少选择锉刀规格

加工面尺寸和加工余量较大时,宜选用较长的锉刀;反之,则选用较短的锉刀。

钳工技术工作手册

锉刀的使用

握锉方法

锉柄握法	不同大小锉刀握法	
 右手握锉柄,左手压在锉刀另一端上,保持锉刀水平。		大锉刀两手握法
		 中锉刀两手握法
		 小锉刀握法

锉削姿势与速度

锉削姿势	站立部位	锉削开始	锉刀推出 1/3 的行程	锉刀推出 2/3 的行程	锉刀行程推尽时
锉削站立姿势 锉削动作	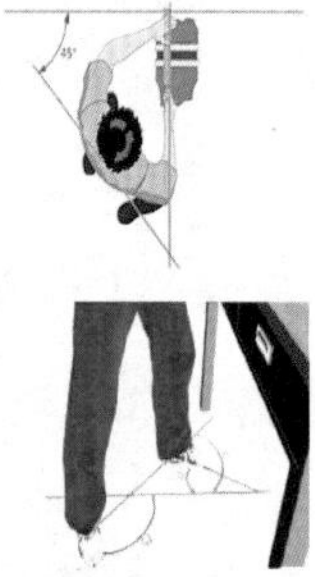	 10°	 15°	 18°	 15°
锉削速度	锉削速度一般应在 40 次/min 左右,推出时稍慢,回程时稍快,动作要自然协调。				

锉削施力

图　　示	锉削位置	施力方法
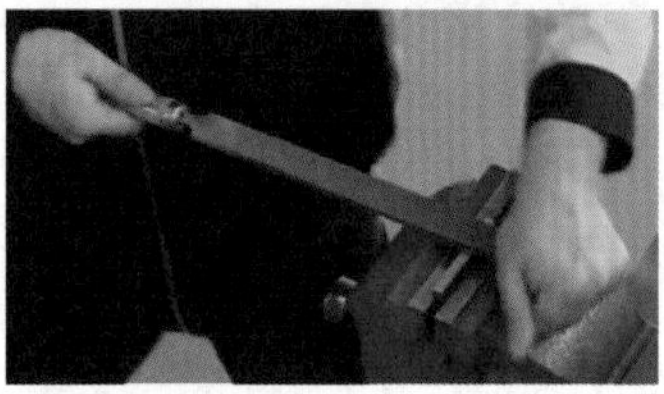	起锉位置	锉削时,必须正确掌握施力方法,两手施力按图所示变化。否则,将会在开始阶段锉柄下偏,锉削终了则前端下垂,形成两边低而中间凸起的鼓形面。

	中间位置	锉削时锉刀的平直运动是锉削的关键,锉削的力有水平和垂直压力两种,推力主要由右手控制,压力由两手控制。
	终了位置	

锉削方法

平面锉削

步骤	内容		
选择锉刀	锉削前应根据金属的硬度、加工表面及加工余量大小、工件表面粗糙度要求选择锉刀。		
装夹工件	工件应牢固地夹在台虎钳钳口中部,锉削表面需高于钳口;夹持已加工表面时,应在钳口垫以铜片或铝片。		
锉削 平面的锉削方法	工件 横向锉削　顺向锉削	顺向锉	锉刀沿长度方向锉削,一般用于最后的锉平或锉光。
	第一锉向　第二锉向 交叉锉法	交叉锉	交叉锉是先沿一个方向锉一层,然后再转90°锉平。交叉锉切削效率高,常用于粗加工,以便尽快切去较多的余量。
		推锉	推锉时,锉刀运动方向与其长度方向相垂直。

钳工技术工作手册

修光	当工件表面已基本锉平时,可用细锉或油光锉以推锉法修光。推锉法尤其适合于加工较窄表面,以及用顺向锉法锉刀推进受阻碍的情况。

检验		锉削时,工件的尺寸可用钢尺和卡尺检查。工件的直线度、平面度及垂直度可用刀口尺,直角尺等根据是否透光来检查。

圆弧面锉削

锉削圆弧面时,锉刀既需向前推进,又需绕弧面中心摆动。

名称	图　示	方　法
外圆弧面锉削	(a)滚锉法　　(b)顺锉法	滚锉时,锉刀顺圆弧摆动锉削。滚锉常用作精锉外圆弧面。顺锉时,锉刀垂直圆弧面运动,适宜于粗锉。
内圆弧面锉削	(a)滚锉法　　(b)顺锉法	

外圆弧曲面的锉削

内圆弧曲面的锉削

锉刀的保养规则

合理使用和保养锉刀可以延长锉刀的使用期限,否则将过早损坏。为此,必须注意下列使用和保养规则:

1. 不可用锉刀来锉毛坯的硬皮及工件上经过淬硬的表面。
2. 锉刀应先用一面,用钝后再用另一面。因为用过的锉齿比较容易锈蚀,若两面同时都用,则总的使用期会缩短。
3. 锉刀每次使用完毕后,应用钢丝刷刷去锉纹中的残留切屑,以免加快锉刀锈蚀。
4. 锉刀放置时不能与其他金属硬物相碰,锉刀与锉刀不能相互重叠堆放,以免锉齿损坏。
5. 防止锉刀沾水沾油。齿面有油渍的锉刀,可用煤油或清洗剂清洗。
6. 不能把锉刀当作装拆、敲击或撬动的工具。
7. 使用整形锉时用力不可过猛,以免折断。

锉削注意事项

1. 有硬皮或砂粒的铸件、锻件,要用砂轮磨去后,才可用半锋利的锉刀或旧锉刀锉削。
2. 不要用手摸刚锉过的表面,以免再锉时打滑。
3. 被锉屑堵塞的锉刀,用钢丝刷顺锉纹的方向刷去锉屑,若嵌入的锉屑大,则要用铜片剔去。
4. 锉削速度不可太快,否则会打滑。锉削回程时,不要再施加压力,以免锉齿磨损。
5. 锉刀材料硬度高而脆,切不可摔落地下或把锉刀作为敲击物和杠杆,撬其他物件;用油光锉时,不可用力过大,以免折断锉刀。

概述

定义:用刮刀在工件已加工表面上刮去一层薄金属的加工称为刮削。刮削是钳工中的一种精密加工方法。

特点:刮削时,刮刀对工件有切削作用,同时又有压光作用。因此,刮削后的表面具有良好的平面度,表面粗糙度 Ra 值可达 $1.6~\mu m$ 以下。零件上的配合滑动表面,为了达到配合精度,增加接触面,减少摩擦磨损,提高使用寿命,常需经过刮削,如机床导轨、滑动轴承等。刮削劳动强度大,生产率低,故加工余量不宜过大,一般为 $0.05 \sim 0.4$ mm,具体数值根据工件刮削面积大小而定。刮削面积大,由于加工误差也大,故所留余量应大些;反之,则余量可小些。

刮削余量(单位:mm)

平面刮削余量

平面宽度	平面长度				
	$100 \sim 500$	$500 \sim 1\,000$	$1\,000 \sim 2\,000$	$2\,000 \sim 4\,000$	$4\,000 \sim 6\,000$
<100	0.10	0.15	0.20	0.25	0.30
$100 \sim 400$	0.15	0.20	0.25	0.30	0.40

孔的刮削余量

孔径	孔长		
	<100	$100 \sim 200$	$200 \sim 300$
<80	0.05	0.08	0.12
$80 \sim 180$	0.10	0.15	0.25
$180 \sim 360$	0.15	0.20	0.35

当工件刚性较差,容易变形时,刮削余量可比表中略大些,可由操作者经验确定。一般来说,工件在刮削前的直线度误差和平面度误差应不低于几何公差中规定的 9 级。

刮削工艺

刮削前的准备工作

工作场地的选择	场地上的光线、室温以及地基都对刮削质量有较大的影响。光线太强或太弱,不仅影响视力,也影响刮削质量。在刮削大型精密工件时,还应考虑温度变化小而缓慢的刮削场地,以免因温差变化大而影响其精度的稳定性。在刮削质量大的狭长刮削面时(如车床车身导轨),如果场地地基疏松,常会因此而使刮削面变形。所以在刮削这类工件时,应选择地基坚实的场地。		
工件的支承	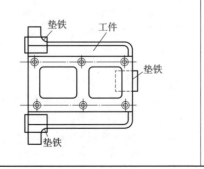	三点支承	工件安放必须平稳,使刮削时无摇动现象。安放时应选择合理的支承点,工件应保持自由状态,不应由于支承而受到附加应力。例如,刮削刚度高、精度高、面积大的机器底座接触面或大体积的平板等,应该用三点支承。为了防止刮削时工件翻倒,可在其中一个支点的两边适当加木块垫实。

工件的支承	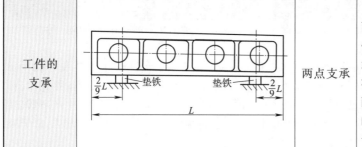两点支承		对细长易变形的工件,应在距两端 $2L/9$ 处用两点支承。大型工件,如机床床身导轨,刮削时的支承应尽可能与装配时的支承一致,在安放工件的同时,应考虑工件刮削面位置的高低,必须适合操作者的身高,一般近腰部上下,这样便于操作者发力。
工件的准备	应去除工件刮削面毛刺和锐边倒角,以防划伤手。为了不影响显示剂的涂布效果,刮削面上应该擦净油污。		

显点

　　显点是刮削工艺中判断误差和落刀部位的基本方法,称为显示法。显点工作的正确与否,直接关系到刮削的进程和质量。在刮削工作中,往往由于显点不当、判断不准,而浪费工时或造成废品,所以显点是一项十分细致的技能。

　　显点时,必须用标准工具作基准或与其相配合的工件合在一起对研。在其接触表面涂上一层涂料,经过对研,接触表面凸起处就显示出点子,根据显点用刮刀刮去。所用的这种涂料称为显示剂。

显点技能及注意事项

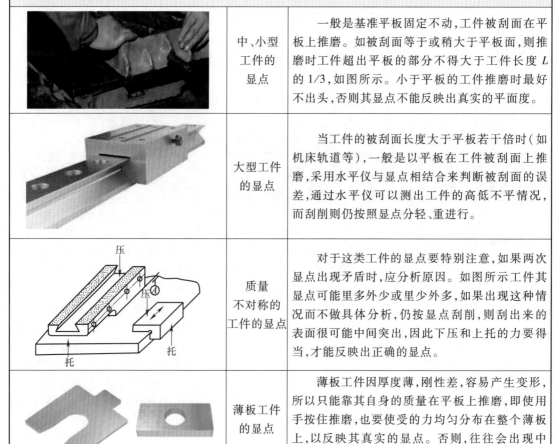

	中、小型工件的显点	一般是基准平板固定不动,工件被刮面在平板上推磨。如被刮面等于或稍大于平板面,则推磨时工件超出平板的部分不得大于工件长度 L 的 $1/3$,如图所示。小于平板的工件推磨时最好不出头,否则其显点不能反映出真实的平面度。
	大型工件的显点	当工件的被刮面长度大于平板若干倍时(如机床轨道等),一般是以平板在工件被刮面上推磨,采用水平仪与显点相结合来判断被刮面的误差,通过水平仪可以测出工件的高低不平情况,而刮削则仍按照显点分轻、重进行。
	质量不对称的工件的显点	对于这类工件的显点要特别注意,如果两次显点出现矛盾时,应分析原因。如图所示工件其显点可能里多外少或里少外多,如果出现这种情况而不做具体分析,仍按显点刮削,则刮出来的表面很可能中间突出,因此下压和上托的力要得当,才能反映出正确的显点。
	薄板工件的显点	薄板工件因厚度薄,刚性差,容易产生变形,所以只能靠其自身的质量在平板上推磨,即使用手按住推磨,也要使受的力均匀分布在整个薄板上,以反映其真实的显点。否则,往往会出现中间凹的情况。

刮削精度检验

刮削精度检验方法

对刮削表面的质量要求,一般包括:几何精度、尺寸精度、接触精度及贴合程度、表面粗糙度等。由于工件的工作要求不同,刮削精度的检查方法也有所不同。

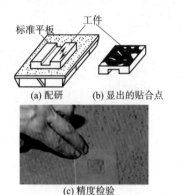

(a) 配研   (b) 显出的贴合点

标准平板   工件

(c) 精度检验

研点法是将工件刮削表面擦净,均匀涂上一层很薄的红丹油,然后与校准工具(如标准平板等)相配研,如图(a)所示。工件表面上的凸起点经配研后,被磨去红丹油而显出亮点(即贴合点),如图(b)所示。

刮削表面的精度即是以 25 mm × 25 mm 的面积内贴合点的数量与分布疏密程度来表示,如图(c)所示。普通机床的导轨面贴合点为 8 ~ 10 点,精密时为 12 ~ 15 点。

(a) 用方框水平仪检查平面度

水平仪
角度底座

(b) 用方框水平仪检查直线度

用允许的平面度误差和直线度误差表示。

工件平面大范围内的平面度误差,以及机床导轨面的直线度误差等,是用方框水平仪分段进行检查的,同时,其接触精度应符合规定的技术要求。

各种平面接触精度的接触点数

平面种类	每边长为 25 mm 正方形面积内的接触点数	应　用
一般平面	2 ~ 5	较粗糙机件的固定接合面
	5 ~ 8	一般接合面
	8 ~ 12	机器台面、一般基准面、机床导向面、密封接合面
	12 ~ 16	机床导轨级导向面、工具基准面、量具接触面
精密平面	16 ~ 20	精密机床导轨、平尺
	20 ~ 25	1 级平板、高精度机床导轨、精密量具
超精密平面	≥25	0 级平板、高精度机床导轨、精密量具

各种不同接触精度的滑动轴承的接触点数						
轴承直径 d/mm	机床或精密机械主轴轴承			锻压设备、通用机械的轴承		动力机械、冶金设备的轴承	
	高精度	精密	普通	重要	普通	重要	普通
	每边长为 25 mm 的正方形面积内的接触点数						
≤120	25	20	16	12	8	8	5
>120		16	10	8	6	6	2

平板工作面刮削后,应进行涂色对研检验					
测试项目	精度等级				
	000	00	0	1	2
单位面积上接触点面积的比率/%	≥20			≥16	≥10
每 25 mm × 25 mm 正方形面积中的接触点数	≥25			≥20	≥12

距工作面边缘 $0.02a$(a 为平板的长度,最大为 20 mm)范围内接触点面积的比率或接触点数不计,且任一点都不得高于工作面。对 3 级平板工作面,其表面粗糙度的最大允许值为 5。

刮削工具

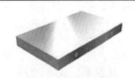

标准平板

用于工件检测或划线的平面基准器具。平板又称平台,常用来检查较宽的平面。平板的面积尺寸有多种规格,选用时它的面积应大于工件被刮削面的 3/4。

(a) 工形平尺

(b) 桥形平尺

平尺

平尺是具有一定精度的平直基准线的实体,参照它可测定表面的直线度和平面度误差。它常用来检验狭长的平面,其桥形平尺用来检验机床导轨面的直线度误差。工形平尺常用来检验狭长平面相对位置的正确性。桥形平尺和工形平尺可根据狭长平面的大小和长短适当选用。

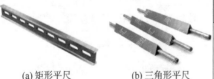

(a) 矩形平尺　　(b) 三角形平尺

角度平尺

用来检验两个刮削面成角度的组合基准平面。

各种平尺在不用时,应将其吊起,不便吊起的平尺应安放平稳,以防变形。

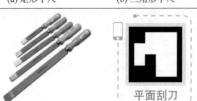

平面刮刀

平面刮刀

它是用 T10A 等高级优质碳素工具钢锻制而成的,其端部需磨出锋利刃口,并用油石磨光。主要用来刮削平面,如平板、平面导轨、工作台等,也可用来刮削外曲面。

曲面刮刀

曲面刮刀

主要用来刮削内曲面,如滑动轴承内孔等。曲面刮刀有多种形状,如三角刮刀和蛇头刮刀等。图示为三角刮刀。

刮削种类

平面刮削	单个平面刮削	刮研平板、平尺、平面导轨和工作台面等
	组合平面刮削	刮研 V 形导轨面和燕尾导轨面等
曲面刮削	普通曲面刮削	刮研圆柱面、圆锥面、滑动轴承的轴瓦、锥孔、圆柱导轨面等
	球面刮削	配刮自位球面轴承,配合球面等
	成形面刮削	修刮齿条、涡轮的齿面等

刮削方法

平面刮削

(a) 挺刮式　　(b) 手刮式

施力方向
25°~30°

刮刀握法

挺刮式:将刮刀柄(圆柄处)顶在小腹下侧,双手握刀杆离刃口为 70 ~ 80 mm 处,左手在前,右手在后。刮削时,左手下压,落刀要轻,利用腿和臂部力量使刮刀向前推挤,双手引导刮刀前进。在推挤后的瞬间,用双手将刮刀提起,这样就完成了一次刮削运作。

手刮式:右手握刀柄,推动刮刀前进,左手在接近端部的位置施压,并引导刮刀沿刮削方向移动。刮刀与工件倾斜 25° ~ 30°。刮削时,用力要均匀,避免划伤工件。

挺刮法

手刮法

粗刮

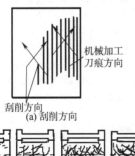
机械加工刀痕方向
刮削方向
(a) 刮削方向

(b) 粗刮过程

若工件表面比较粗糙,则应先用刮刀将其全部粗刮一次,使其表面较平滑,以免研点时划伤检验平板。粗刮的方向不应与机械加工留下的刀痕方向垂直,以免因刮刀颤动而将表面刮出波纹。一般刮削方向与刀痕方向成 45°,如图(a)所示,各次刮削方向应交叉。粗刮时,用长刮刀,刀口端部要平,刮过的刀痕较宽(10 mm 以上),行程较长(10 ~ 15 mm),刮刀痕迹要连成一片,不可重复,如图(b)所示。机械加工的刀痕刮除后,即可研点,并按显出的高点逐一刮削。当工件表面上贴合点增至每 25 mm × 25 mm 面积内 4 ~ 5 个点时,可开始细刮。

	细刮
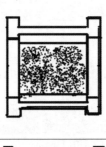	细刮就是将粗刮后的高点刮去,使工件表面的贴合点增加。刮削刀痕宽度 6 mm 左右,长 5~10 mm,每次都要刮在点子上,点子越少刮去的越多,点子越多刮去的越少。要朝着一定方向刮,刮完一遍,刮第二遍时要与第一遍成 45°或 60°方向交叉刮出网纹,经过几遍刮削,在整个刮削面上,当每边长为 25 mm 的正方形面积内出现 12~15 个显点时,且显点分布均匀,细刮即可结束。
	精刮
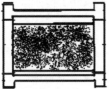	在细刮的基础上,通过精刮增加显点,使工件符合精度要求。精刮时选用较短的刮刀。用这种刮刀时用力要小,刀痕较短(3~5 mm)。经过反复刮削和研点,直到最后达到要求为止。
	刮花
 (a) 斜花纹　　(b) 扇形花纹 (c) 燕子花纹	刮花的目的可以增加美观,保证良好的润滑,并可借刀花的消失来判断平面的磨损程度。一般常见的花纹有斜花纹(即小方块)和扇形花纹等。

曲面刮削简介

 (a) 修瓦口　　(b) 粗刮 (c) 细刮	一些滑动轴承的轴瓦、衬套等,为了要获得良好的配合精度,也需进行刮削,图示为轴瓦的刮削过程。

刮削注意事项

　　1. 操作姿势正确,落刀和起刀正确合理,防止梗刀。
　　2. 涂色研点时,平板必须放置稳定,施力要均匀,以保证研点显示真实。研点表面必须保持清洁,防止平板表面划伤拉毛。
　　3. 细刮时每个研点只刮一刀,逐步提高刮点的准确性。
　　4. 细刮轴瓦时,上、下瓦应加垫(瓦口接合面)装配后刮削两端轴瓦,在瓦上涂色,用轴研点。开始压紧装配时,压紧力应均匀,轴不要压得过紧,能转动即可,随刮随撤垫,随压紧。此时也应注意不要将瓦口刮亏了,经多次削刮后,瓦接触面斑点分布均匀、较密即可。
　　5. 要重视刮刀的修磨,正确刃磨刮刀,是提高刮削速度和保证精度的基本条件。
　　6. 粗刮是为了获得工件的初步形位精度,一般刮去较多的金属,所以刮削要有力,每刀的刮削量要大;而细刮和精刮是为了表面的光整和点数,所以必须挑点准确,刀迹细小光整。因此,不要在平板还没有达到粗刮要求的情况下,过早地进入细刮工序,这样既影响刮削速度,也不易将平板刮好。
　　7. 在刮削中要勤于思考,善于分析,随时掌握工件的实际误差情况,并选择适当的部位进行刮削修整,以最少的加工量和刮削时间来达到技术要求。

概述

錾削是用手锤打击錾子对金属进行切削加工的操作方法,用于錾掉或錾断金属,使其达到要求的形状和尺寸。主要用于不便于机械加工的场合,如去除凸缘、毛刺、分割薄板料、凿油槽等。这种方法目前应用较少。

錾子

切削部分的几何角度

錾子由切削部分、斜面、柄部和头部四部分组成,其长度约 170 mm,直径 18～24 mm。錾子的切削部分包括两个表面(前刀面和后刀面)和一条切削刃(锋口),切削部分要求较高硬度(大于工件材料的硬度)。

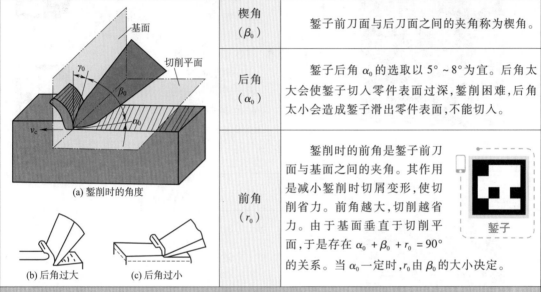

(a) 錾削时的角度

(b) 后角过大　　(c) 后角过小

楔角 (β_0)	錾子前刀面与后刀面之间的夹角称为楔角。
后角 (α_0)	錾子后角 α_0 的选取以 5°～8° 为宜。后角太大会使錾子切入零件表面过深,錾削困难,后角太小会造成錾子滑出零件表面,不能切入。
前角 (r_0)	錾削时的前角是錾子前刀面与基面之间的夹角。其作用是减小錾削时切屑变形,使切削省力。前角越大,切削越省力。由于基面垂直于切削平面,于是存在 $\alpha_0 + \beta_0 + r_0 = 90°$ 的关系。当 α_0 一定时,r_0 由 β_0 的大小决定。

錾子

錾子的种类及用途

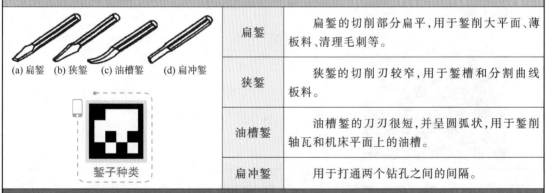

(a) 扁錾　(b) 狭錾　(c) 油槽錾　(d) 扁冲錾

錾子种类

扁錾	扁錾的切削部分扁平,用于錾削大平面、薄板料、清理毛刺等。
狭錾	狭錾的切削刃较窄,用于錾槽和分割曲线板料。
油槽錾	油槽錾的刀刃很短,并呈圆弧状,用于錾削轴瓦和机床平面上的油槽。
扁冲錾	用于打通两个钻孔之间的间隔。

錾削步骤及方法

錾削平面一般用扁錾进行,每次錾削余量为 0.5～2 mm。錾削平面时,掌握好起錾、錾削和錾出三个阶段。从工件边缘尖角处开始,并使錾子从尖角处向下倾斜 30° 左右,轻打錾子,可较容易切入材料。起錾后按正常方法錾削。当錾削到工件尽头时,要防止工件材料边缘崩裂,脆性材料尤其需要注意。因此,錾到尽头 10 mm 左右时,必须掉头錾去其余部分。

平面錾削

钳工技术工作手册

	錾子的选用	錾削前首先应根据錾削面的形状、大小、宽窄选用錾子。
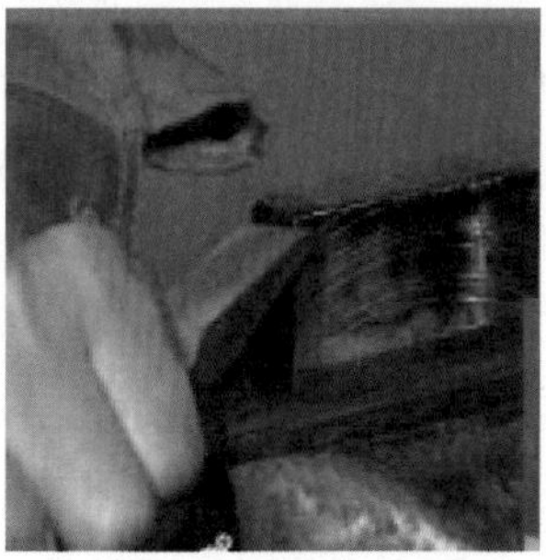	錾削的起錾	起錾时,錾子尽可能向右斜45°左右,从工件边缘尖角处开始,并使錾子从尖角处向下倾斜30°左右,轻打錾子,可较容易切入材料。 窄槽起錾时将錾子刃口抵紧开槽部位一端边缘,较宽平面起錾时将錾子刃口抵紧零件边缘尖角处。 錾子的握法　挥锤方法
錾削余量		錾削余量以选取 0.5～2 mm 为宜,錾削余量 >2 mm 时,可分几次錾削。
	平面	较窄平面錾削时,錾子切削刃与前进方向倾斜适当角度。倾角大小视錾削面而定,以錾子容易掌稳为好。
錾削	平面	较宽平面錾削时,通常选用窄錾开槽数条,然后用扁錾錾去剩余部分。
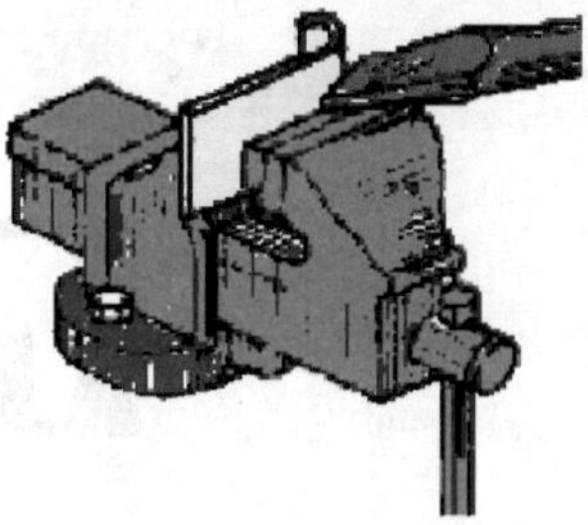	板材	对于薄板小件,可装夹在台虎钳上,用扁錾的切削刃自右向左錾削。

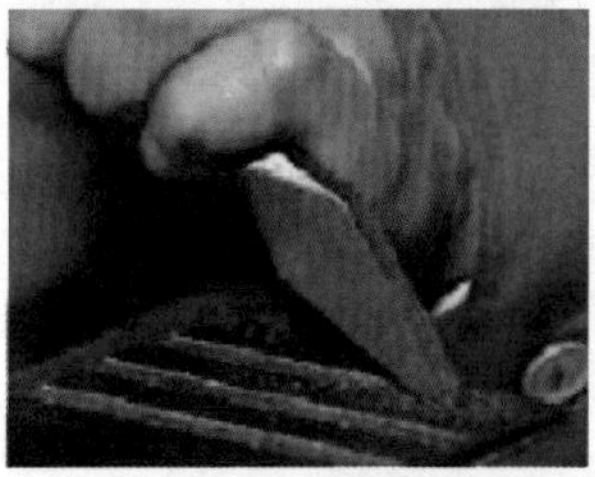

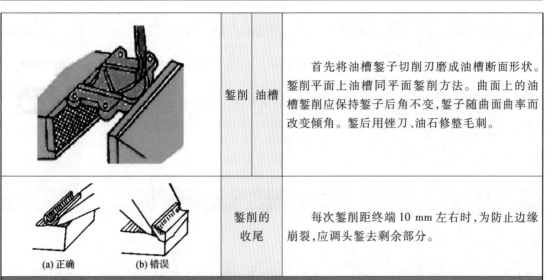	錾削油槽	首先将油槽錾子切削刃磨成油槽断面形状。錾削平面上油槽同平面錾削方法。曲面上的油槽錾削应保持錾子后角不变,錾子随曲面曲率而改变倾角。錾后用锉刀、油石修整毛刺。
(a) 正确　　(b) 错误	錾削的收尾	每次錾削距终端 10 mm 左右时,为防止边缘崩裂,应调头錾去剩余部分。

錾削注意事项

1. 零件装夹牢固,预防击飞伤人。
2. 锤头、锤柄要装牢,防止锤头飞出伤人。
3. 錾子尾部的毛刺和卷边(俗称帽花)应及时磨掉。
4. 錾子刃口经常修磨锋利,避免打滑。
5. 触拿零件时,要防止錾削面锐角划伤手指。
6. 錾削的前方应加防护网,防止铁屑伤人。
7. 应用刷子刷铁屑,不得用手擦或嘴吹。

概述

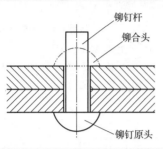

铇钉杆
铇合头
铇钉原头

用铇钉连接两个或两个以上的零件或构件的操作方法称为铇接。铇接的过程是将铇钉插入被铇接工件的孔内,将铇钉头紧贴工件表面,然后将铇钉杆的一端镦粗成为铇合头。目前虽然在很多零件连接方法中,铇接已被焊接所代替,但因铇接有使用方便、工艺简单可靠等特点,所以桥梁制造、机车制造、船舶制造等方面仍有较多使用。

沉头铇钉
铇接过程

铇接种类和铇接形式

铇接种类	按铇接方式	手工铇接
		机械铇接
	按使用要求	活动铇接(铰链铇接):即接合部分可互相转动的铇接
		固定铇接:即接合部分不能活动的铇接 — 强固铇接 / 紧密铇接 / 强密铇接
铇接形式	搭接	
	对接	(a) 双盖板对接　(b) 单盖板对接
	角接	

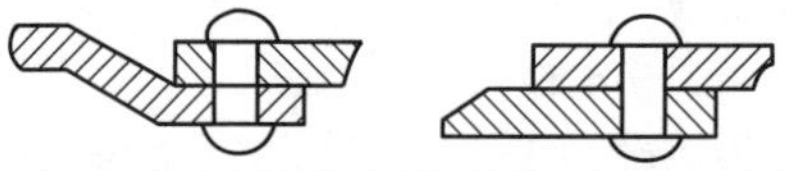

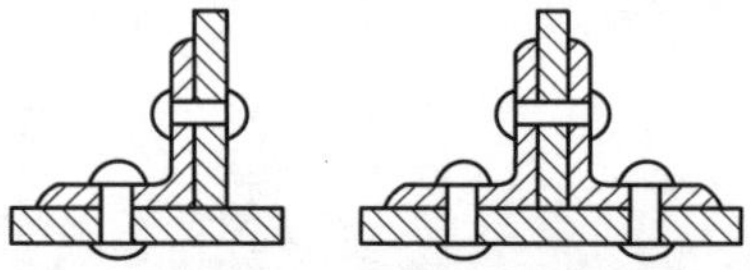

每种根据主板上铇钉的排数有单排、双排、多排之分。排列形式有并列和交错两种。

常用铇钉

铇钉是用于连接两个带通孔,一端有帽的零件(或构件)的钉形物件。在铇接中,利用自身形变或过盈连接被铇接的零件。

名称	形状	标准	规范范围		应用
			d 公称	l 公称	
半圆头铇钉	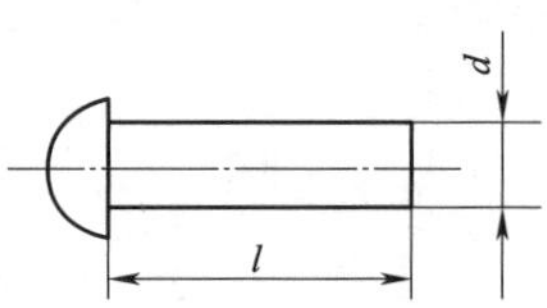	GB 863.1—1986 GB 867—1986	12 ~ 36	20 ~ 200	用于承受较大横向载荷的连接处,如金属结构中的桥梁桁架等,应用最广。
小半圆头铇钉		GB/T 863.2—1986	0.6 ~ 16	1 ~ 110	

平锥头铆钉	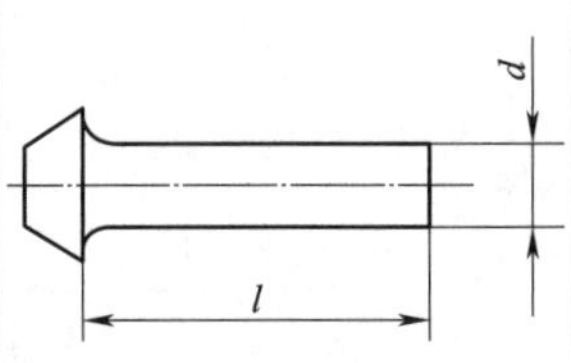	GB 864—1986	12 ~ 36	20 ~ 200	由于钉头肥大,能耐腐蚀,常用在船壳、锅炉水箱等腐蚀强烈处。
		GB/T 868—1986	2 ~ 10	3 ~ 110	
沉头铆钉	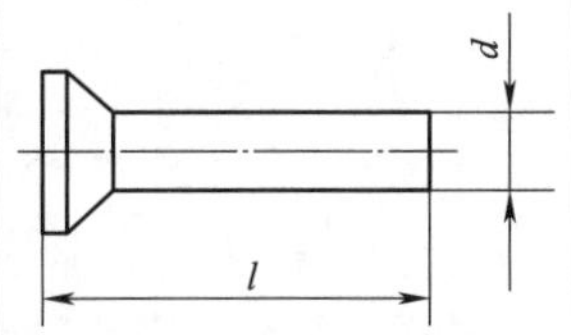	GB 865—1986	12 ~ 36	20 ~ 200	用于表面须平滑,受载不大的连接处。
		GB 869—1986	1 ~ 16	2 ~ 100	
半沉头铆钉	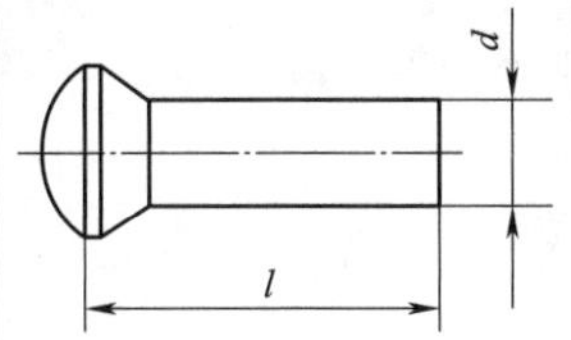	GB 866—1986	12 ~ 36	20 ~ 200	用于表面须平滑,受载不大的连接处。
		GB/T 870—1986	1 ~ 16	2 ~ 100	
扁平头铆钉	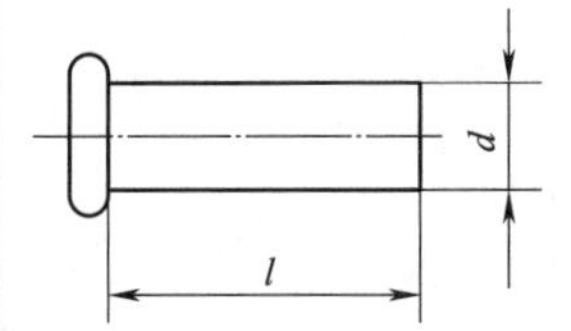	GB 872 ~ 1986	1.2 ~ 10	1.5 ~ 50	用于金属薄板或皮革、帆布、木材、塑料等的连接处。
扁平头半空心铆钉	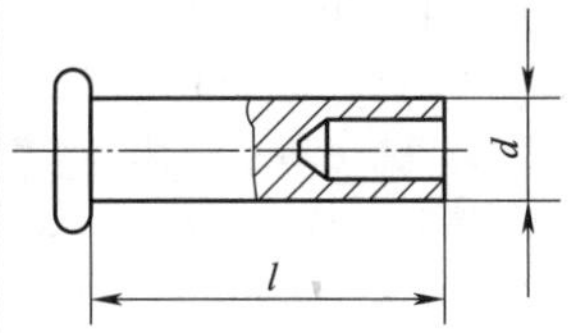	GB 875—1986	1.2 ~ 10	1.5 ~ 50	用于非金属材料结构的连接处。
空心铆钉	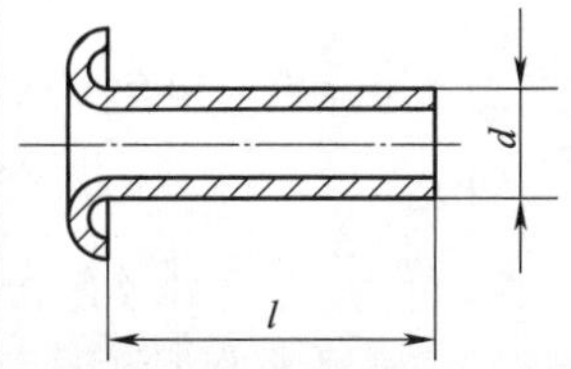	GB 876—1986	1.4 ~ 6	1.5 ~ 15	用于受力不大的非金属材料,如用于连接塑料、帆布、皮革等。

铆钉直径和长度的确定

铆钉直径的确定

铆钉直径的大小与被连接板的厚度、连接形式以及被连接板的材料等多种因素有关。当被连接板材厚度相同时,铆钉直径等于板厚1.8倍。当被连接板材厚度不同,搭接连接时铆钉直径等于最小板厚的1.7倍。

铆钉直径确定一般情况可参考下表

板厚	5 ~ 6	7 ~ 9	9.5 ~ 12.5	13 ~ 18	19 ~ 24	> 25
铆钉直径 d	10 ~ 12	14 ~ 25	20 ~ 22	24 ~ 27	27 ~ 30	30 ~ 36

标准铆钉直径可在计算后按国家标准《紧固件　铆钉用通孔》(GB 152.1—1988)中参数对照圆整,本标准规定了工程直径为 0.6～36 mm 的铆钉用通孔尺寸。

铆钉公称直径 d		10	12	14	16	18	20	22	24	27	30	36
d_h	精装配	10.3	12.4	14.5	16.5	—	—	—	—	—	—	—
	粗装配	11	13	15	17	19	21.5	23.5	25.5	28.5	32	38

铆钉公称直径 d	0.6	0.7	0.8	1	1.2	1.4	1.6	2	2.5	3	3.5	4	5	6	8
d_h 精装配	0.7	0.8	0.9	1.1	1.3	1.5	1.7	2.1	2.6	3.1	3.6	4.1	5.2	6.2	8.2

铆钉长度的确定

铆钉长度与铆接板料厚度和铆合头的形状有关,不同形状铆合头所用铆钉长度不同。当铆合头质量要求较高时,应通过试铆来确定。

不同形状铆合头	钉杆长度计算公式
半圆头铆钉	$L = \sum \delta + (1.25 \sim 1.5)d$
沉头铆钉	$L = \sum \delta + (0.8 \sim 1.2)d$

式中,$\sum \delta$ 为铆接板厚;L 为钉杆长度;d 为铆钉直径。单位为 mm。

铆距

铆距是指铆钉间或铆钉与铆接件板边缘的距离。

铆钉并列排列时,铆钉距 $t \geq 3d$(d 为铆钉直径),铆钉交错排列时,铆钉对角间的距离 $t \geq 3.5d$。由铆钉中心到铆件边缘的距离 a,与铆钉孔是冲孔或是钻孔有关,钻孔时,$a \approx 1.5d$;冲孔时 $a \approx 2.5d$。

铆接工具

	压紧冲头	当铆钉插入孔内后,用压紧冲头使被铆合的工件相互压紧。
	罩模	用于铆接时制作出完整的铆合头,柄部常支承圆柱形。
	顶模	顶模夹在台虎钳内,铆接时顶住铆钉的头部,以便进行铆接工作而不损伤铆钉头。

铆接方法

按施工温度分类的铆接方法

冷铆	在铆接时,铆钉无须加热,直接镦出铆合头的铆接方法。	应用:直径在 8 mm 以下钢质铆钉或铝质铆钉、铜质铆钉采用冷铆。采用冷铆时铆钉的材料必须具有较高的塑性。
热铆	把整个铆钉加热到一定温度,然后再铆接的方法。	应用:8 mm 以上的钢质铆钉采用热铆。热铆时要把铆钉空直径放大 0.5～1 mm,使铆钉在热态时容易插入。

混合铆	在铆接时,只把铆钉的铆合头端部加热。	应用:细长铆钉采用混合铆,可以避免铆接时铆钉杆的弯曲。

按工具设备分类的铆接方法	
手铆法	用顶把顶住铆钉头、冲头顶住铆钉杆,借助于手锤的敲击力形成墩头的方法。
冲击铆法	借助于铆钉枪的冲击力和顶把的顶撞作用而形成墩头的方法。
正铆法	是冲击铆法的一种,将顶把顶住铆钉头,铆钉枪的冲击力直接作用在铆钉杆而形成墩头。
反铆法	是冲击铆法的一种,将铆钉枪的冲击力作用在铆钉头上,用顶把顶住铆钉杆形成墩头。
拉铆法	用拉铆枪或旋转工具产生轴向拉力使拉铆型铆钉形成墩头的方法。
压铆法	压铆法是借助于压铆机或压铆设备的静压力,通过上、下铆模挤压铆钉杆而形成墩头的铆接方法。
单个压铆法	是压铆法的一种,每次只铆接一个铆钉。
成组压铆法	是压铆法的一种,每次可铆接两个或两个以上的铆钉。
自动钻铆法	在钻铆机上,逐个地自动完成确定孔位、制孔、锪窝、放钉和施铆等全过程的铆接方法。
应力波铆接法	利用脉冲电流周围形成强脉冲磁场所产生的大振幅应力波使铆钉在瞬间塑性变形而完成铆接的方法,又称电磁铆接法。

钳工技术工作手册

钳工技术工作手册

概述

通过外力作用,消除材料或工件的弯曲、扭曲、凹凸不平等缺陷的加工方法称为矫正。材料或制件产生变形的主要原因是由于在轧制或剪切等外力作用下,内部组织发生变化所产生的参与应力引起的,另外原材料在运输和存放过程中处理不当时,也会引起变形。

弯形是将坯料(如板料和管子)弯成所需形状的加工方法。金属材料的变形有两种,一种是在外力作用下,材料发生变形,当外力去除后,仍能恢复原状,这种变形称为弹性变形。另一种是当外力去除后不能恢复原状,这种变形称为塑性变形。矫正与弯形是对塑性变形而言,所以只有对塑性好的材料才能进行矫正和弯形。矫正的实质就是使矫正工件产生新的塑性变形来消除原有的不平、不直或翘曲变形。

矫正

分类

矫正	按矫正温度	冷矫正	在常温条件下进行的矫正,矫正时会发生冷硬现象,适用于矫正塑性较好的材料。
		热矫正	需加热到 700～1 000 ℃进行矫正,在材料变形大、塑性差或缺少足够动力设备的情况可使用热矫正。
	按矫正力	手工矫正	在平板、铁砧或台虎钳上用锤子等工具进行操作,是钳工的一项基本技能。
		机械矫正	在专业矫正机或压力机上进行,专业矫正机适用于成批大量生产的场合,压力机则主要用于缺乏专用矫正机以及变形较大的情况。
		火焰矫正	在材料变形处用火焰局部加热的方法称为火焰矫正。由于火焰矫正方便灵活,所以在生产中有广泛的应用,不过加热的位置、火焰能率等相对较难掌握。

矫正

手工矫正工具

	支承工具	平板、铁砧、台虎钳和 V 形架等	矫正板材和型材的基座,要求表面平整。
	施力工具	软硬锤子	用于矫正一般材料,通常使用钳工锤子和方头锤子。矫正已加工过的表面、薄钢件或非铁金属制件,应使用铜锤、木锤、橡皮锤等软锤子。
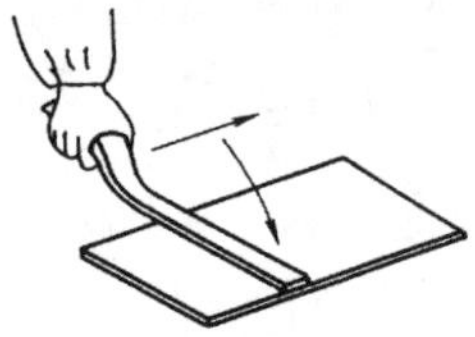		抽条	采用条状薄板料弯成的简易工具,用于抽打较大面积板料。

		施力工具	拍板	用质地较硬的檀木制成的专用工具,用于敲打板料。
			螺旋压力工具	适用于矫正较大的轴类零件或棒料。
		检验工具	平板、直角尺、钢直尺和百分表等	用于矫正后质量检验。

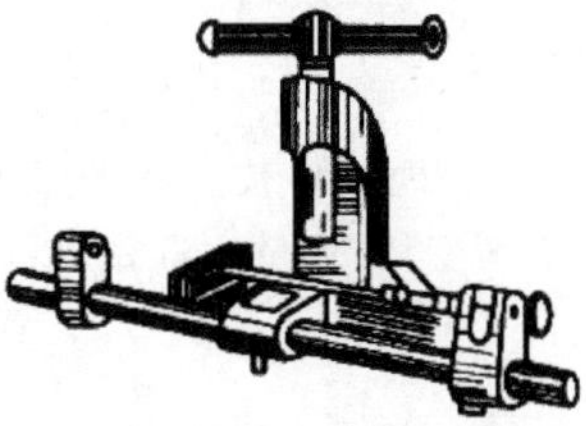

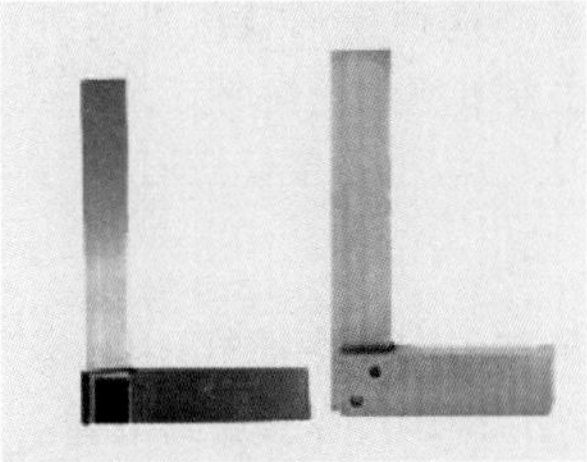

手工矫正的方法

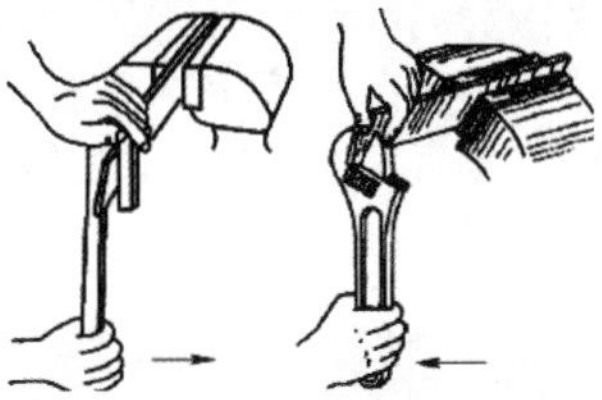	扭转法	用来矫正条料扭曲变形的方法。小型条料常夹持在台虎钳上,用扳手将其扭转恢复到原状即可。
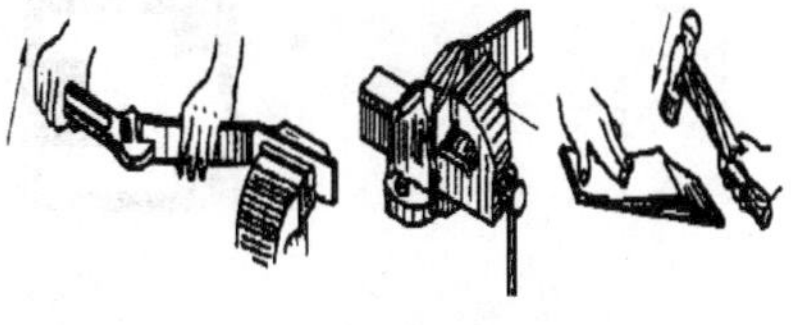	弯曲法	用于矫正各种棒料和条料弯曲变形的方法。直径小的棒料和厚度薄的条料,直线度要求不高时,可夹在台虎钳上用扳手矫正,直径大的棒料和厚的条料,则常在压力机上矫正。
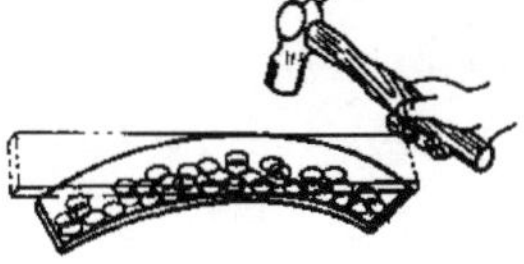	延展法	用来矫正各种翘曲的型钢和板料的方法。通过用锤子敲击材料适当部位,使其局部延长和展开,达到矫正的目的。
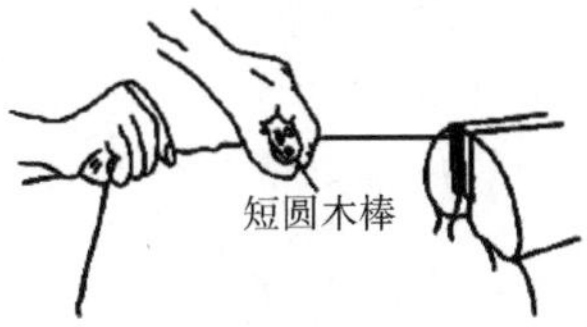	伸张法	用来矫正各种细长的线材的方法。矫正时将一线头固定,然后从固定处开始,将弯曲线绕短圆木棒一圈,紧捏圆木棒向后拉,线材就可以伸长而矫直。

短圆木棒

钳工技术工作手册

薄板矫正方法		
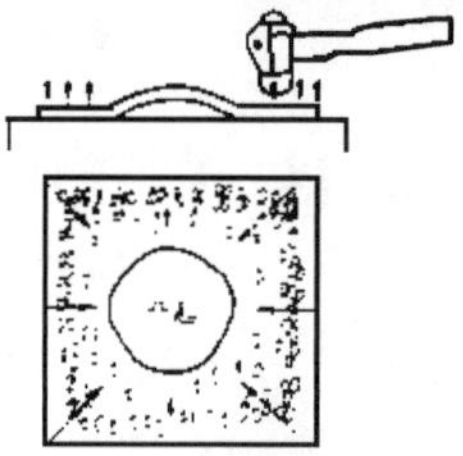	中间凸起	薄板中间突起是由于变形后中间材料变薄引起的。矫正时可锤击板料边缘,使边缘材料延展变薄,厚度与凸起部位的厚度越趋近则越平整。 如果薄板表面有几处相邻凸起,应先在凸起的交界处轻轻捶击,使几处凸起合并成一处,然后再锤击四周而矫平。
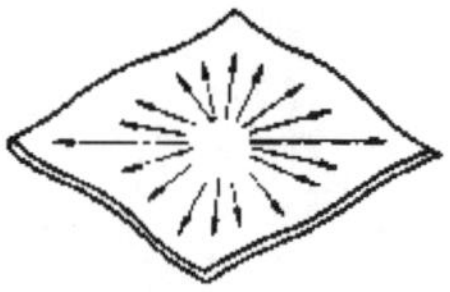	薄板四周呈波纹状	说明板料四边变薄而伸长。锤击点应从中间向四周,密度逐渐变稀,力量逐渐减小,经反复多次锤打,使板料平整。
	薄板发生对角翘曲	要矫正薄板的这种变形就应沿另外没有翘曲的对角线锤击使其延展而矫平。
	薄板有微小扭曲	可用抽条从左到右顺序抽打,因抽条与板料接触面积较大,受力均匀,容易达到平整。
	铜箔、铝箔材料矫正	可用平整的木块,在平板上推压材料的表面,使其达到平整,也可用木锤或橡皮锤锤击。

弯形

　　将原来平直的板料、条料、棒料或管子完成所要求的曲线形状或完成一定的角度,这种工作称为弯形。弯形使材料产生塑性变形。

弯曲

弯曲前后对比		
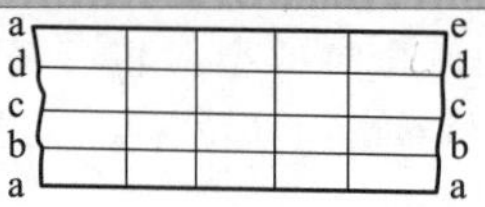 (a)	弯曲前	里外层长度相等。
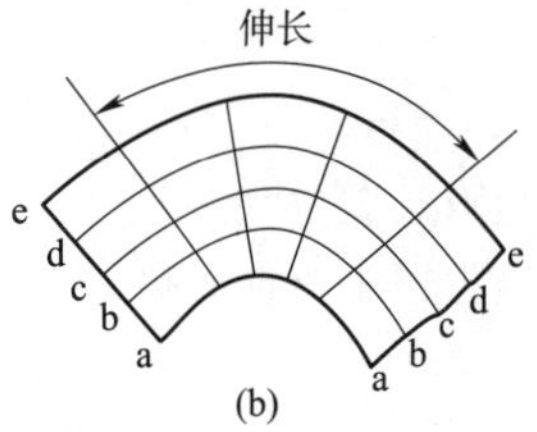 (b)	弯曲后	外层材料身长,内层材料缩短,中间有一层材料弯曲后长度不变,成为中性层。材料弯曲部分虽然发生拉伸和压缩,但其断面面积保持不变。

钳工技术工作手册

最小弯曲半径

经过弯曲的工件越靠近材料表面,金属变形就越严重,也就会出现拉裂或压裂的现象。

相同材料的弯曲,工件外层材料变形的大小,决定于工件的弯曲半径。弯曲半径越小,外层材料变形越大。为了防止弯曲件出现拉裂或压裂的现象,必须限制工件的弯曲半径,使它大于导致材料开裂的临界弯曲半径,即最小弯曲半径。

最小弯曲半径的数值由试验确定,常用钢材的弯曲半径如果大于 2 倍材料厚度,一般不会被弯裂。如果工件的弯曲半径比较小,应分两次或多次弯曲,中间进行退火,避免弯裂。

弯形前毛坯长度计算

在对工件进行弯曲前,要做好坯料长度的计算。否则,落料长度太长会导致材料的浪费,而落料长度太短又不够弯曲尺寸。工件弯曲后,只有中性层长度不变,因此计算弯曲工件毛坯长度时,可以按中性层的长度计算。应该注意的是,材料弯曲后,中性层一般不在材料正中,而是偏向内层材料一边。经实验证明,中性层的实际位置与材料的弯曲半径 r 和材料厚度 t 有关。

弯曲中性层位置系数 x_0

r/t	0.25	0.5	0.8	1	2	3	4	5	6	7	8	10	12	14	>16
x_0	0.2	0.25	0.3	0.35	0.37	0.4	0.41	0.43	0.44	0.45	0.46	0.47	0.48	0.49	0.5

从表中 r/t 比值可知,当内弯曲半径 $r/t \geq 16$ 时,中性层在材料中间(即中性层与几何中心层重合)。在一般情况下,为简化计算,当 $r/t \geq 8$ 时,即可按 $x_0 = 0.5$ 进行计算。当零件材料的厚度 t 确定之后,中性层至内层面的距离为 $x_0 t$,中性层曲率半径为:$R = r + x_0 t$。

不同弯曲形式的毛坯长度计算方法

图示	弯曲形式	计算方法	中性层长度计算公式
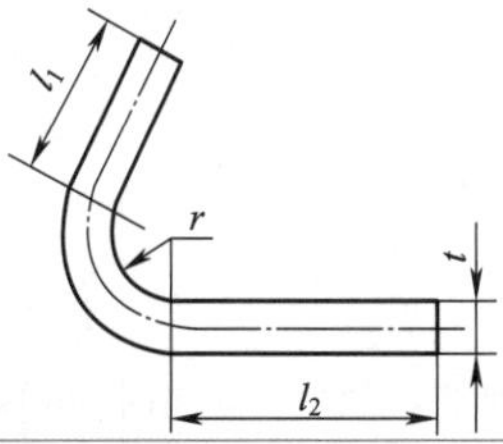	内边带圆弧制件的毛坯长度	$L = l_1 + l_2 + A$ 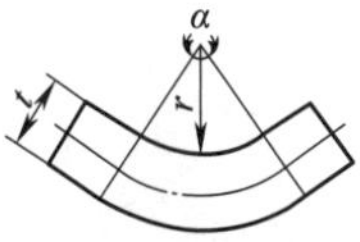	$A = \pi(r + x_0 t)\alpha/180°\ (\text{mm})$ r—弯曲半径(mm); x_0—中性层位置系数; t—材料厚度(mm); α—弯曲角,即弯曲中心角(°)。
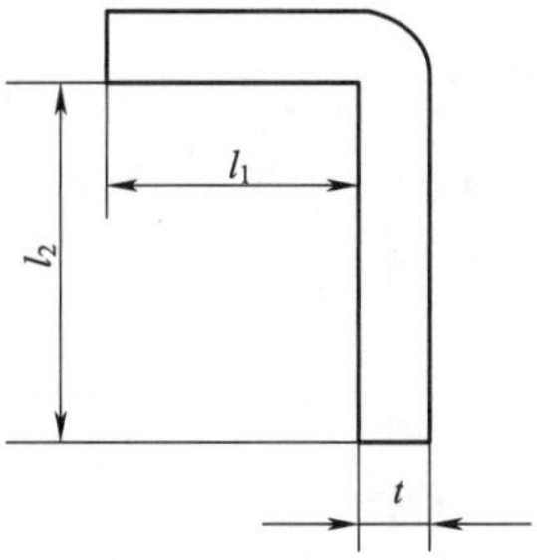	内边弯曲成直角不带圆弧的制件毛坯长度	$L = l_1 + l_2 + A$	$A = 0.5t$
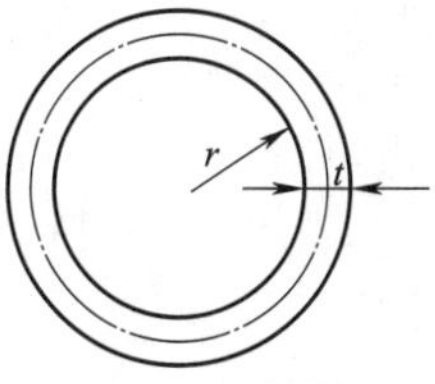	弯圆	$L = A$	$A = \pi(r + x_0 t)\alpha/180°\ (\text{mm})$ $\alpha = 360°$

钳工技术工作手册

弯形方法		
按弯形温度不同	冷弯	在常温下进行弯曲称为冷弯。
	热弯	厚度大于 5 mm 的板料以及直径较大的棒料和管子等,通常要将工件加热后再进行弯曲,称为热弯。
按加工手段不同	机械弯	使用专用设备完成的弯形为机械弯形。
	手工弯	人工完成的弯形为手工弯形。

弯形虽然是塑性变形,但是不可避免有弹性变形。工件弯形后,由于弹性变形的存在使得弯曲角度和弯曲半径发生变化,这种现象称为回弹。为抵消材料的弹性变形,弯形过程中应多弯一些。

弯形实例		

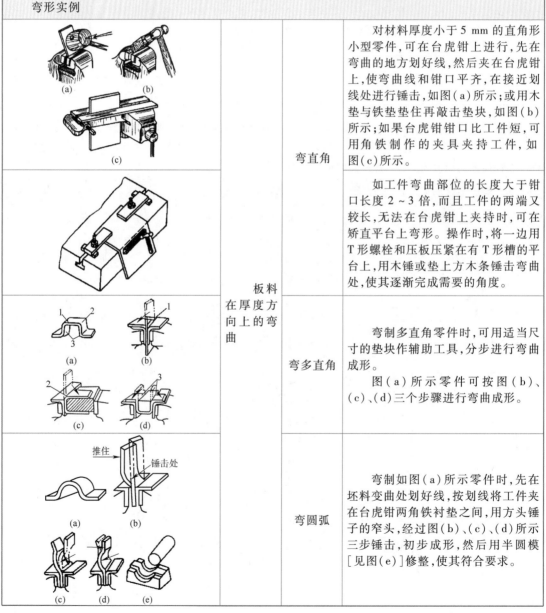

板料在厚度方向上的弯曲	弯直角	对材料厚度小于 5 mm 的直角形小型零件,可在台虎钳上进行,先在弯曲的地方划好线,然后夹在台虎钳上,使弯曲线和钳口平齐,在接近划线处进行锤击,如图(a)所示;或用木垫与铁垫垫住再敲击垫块,如图(b)所示;如果台虎钳钳口比工件短,可用角铁制作的夹具夹持工件,如图(c)所示。
		如工件弯曲部位的长度大于钳口长度 2~3 倍,而且工件的两端又较长,无法在台虎钳上夹持时,可在矫直平台上弯形。操作时,将一边用 T 形螺栓和压板压紧在有 T 形槽的平台上,用木锤或垫上方木条锤击弯曲处,使其逐渐完成需要的角度。
	弯多直角	弯制多直角零件时,可用适当尺寸的垫块作辅助工具,分步进行弯曲成形。 图(a)所示零件可按图(b)、(c)、(d)三个步骤进行弯曲成形。
	弯圆弧	弯制如图(a)所示零件时,先在坯料变曲处划好线,按划线将工件夹在台虎钳两角铁衬垫之间,用方头锤子的窄头,经过图(b)、(c)、(d)所示三步锤击,初步成形,然后用半圆模[见图(e)]修整,使其符合要求。

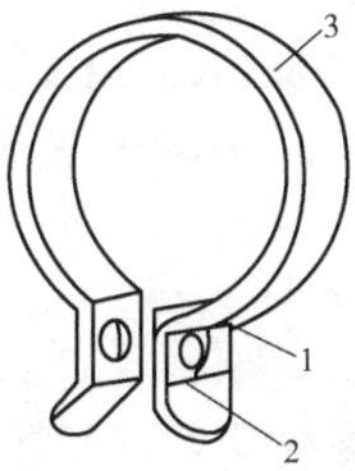	板料在厚度方向上的弯曲	弯圆弧和角度结合的工件	弯制如图所示的工件时,在狭长板料上先划好弯曲处位置线。弯形前,要将两端的圆弧和孔加工好。
			弯形时,可用衬垫将板料装夹在台虎钳内,先将两端的 1、2 两处弯好,最后在圆钢上弯工件的圆弧 3,如图所示。
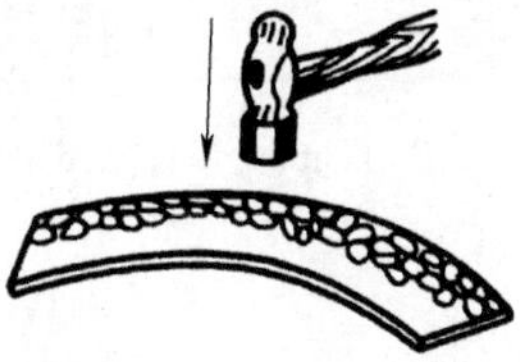	板料在宽度方向上的弯曲		利用金属材料的延伸性能,在弯曲的外弯部分进行锤击,使材料向一个方向渐渐延伸,达到弯曲的目的。
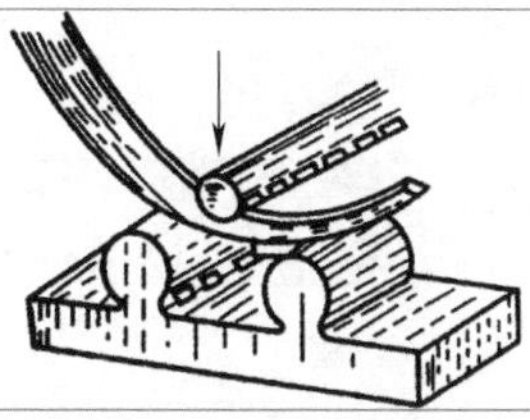			较窄的板料可在 V 形块或特质弯曲模上用锤击法,使工件变弯。
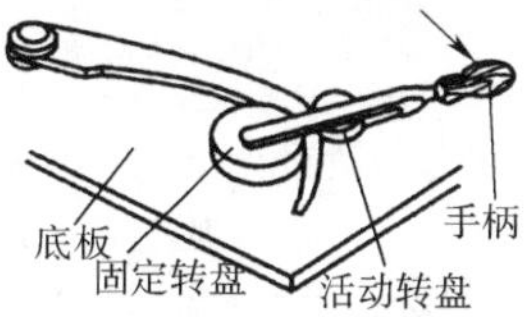			还可在简单的弯曲工具上进行弯曲。它由底板、转盘和手柄等组成,在两只转盘的圆周上都有按工件厚度车削的槽,固定转盘直径与弯曲圆弧一致。使用时将工件插入两转盘槽内,转动活动转盘使工件达到所要求的弯曲形状。
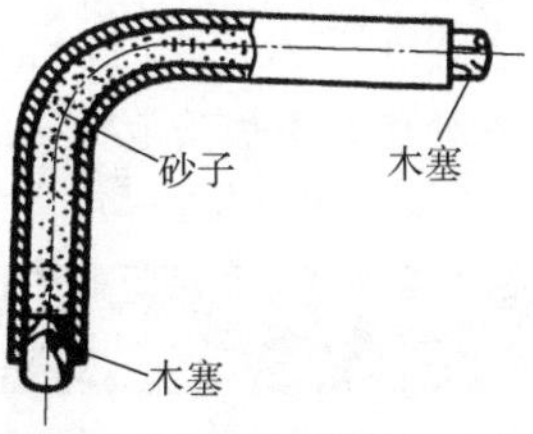	管子弯形		直径大于 12 mm 的管子一般采用热弯,直径小于 12 mm 的管子则采用冷弯。管子的最小弯曲半径必须是管子直径的 4 倍以上。管子直径在 10 mm 以上时,为防止弯瘪,弯曲前必须向管内灌满干黄沙,并用轴向带小孔的木塞堵住管口。
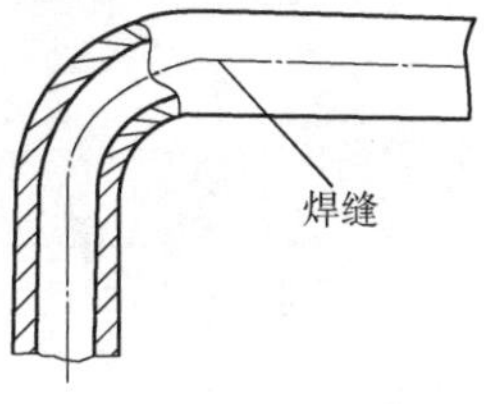			焊管弯曲时,应注意将焊缝放在中性层位置,防止弯形开裂。
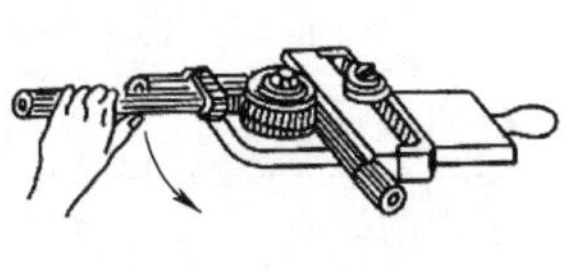			手工弯管通常在专用工具上进行。

概述

用研磨工具（研具）和研磨剂从工件表面磨掉一层极薄的金属，使工件表面获得精确的尺寸、形状和极小的表面粗糙度值的加工方法称为研磨。

研磨的作用

1. 研磨可以获得其他方法难以达到的高尺寸精度和形状精度，通过研磨后的尺寸精度可达 0.001 ~ 0.1 mm。
2. 容易获得极小的表面粗糙度。一般情况下表面粗糙度 Ra 为 1.6 ~ 0.1 μm 最小可达 0.012 μm。
3. 加工方法简单，不需要复杂的设备，但加工效率低。
4. 经过研磨的零件能提高表面的耐磨性、抗腐蚀能力及疲劳强度，从而延长了零件的使用寿命。

研磨余量的确定

研磨是微量切削，因而研磨余量不能太大也不宜过小，一般为 0.005 ~ 0.03 mm，具体确定时可从以下三个方面来考虑：

1. 面积大、形状复杂、精度要求高的零件应取较大余量。
2. 若预加工质量高则应取较小余量，反之则取较大余量。
3. 双面、多面、位置精度要求很高的零件及不同的加工方式应根据具体情况选择余量。

研磨的形式

研磨形式可分为湿研磨与干研磨。

湿研磨

将研磨剂涂抹在研具或工件上，用分散的磨粒进行研磨，研磨剂中除磨粒外还有煤油、机油、油酸、硬脂酸等物质磨粒的切削作用，以滚动切削为主，生产效率高但加工出的工件表面一般没有光泽。

干研磨

是研磨前先将磨粒压入研具，用压砂研具对工件进行研磨的方法，在研磨时不加其他物质，只进行干研磨，磨粒在研磨过程中基本固定在研具上。

研磨工具与材料

研具是保证被研磨工件几何形状精度的重要因素，因此对研具的材料、精度和表面粗糙度都有较高的要求。

研具材料

灰铸铁	灰铸铁具有硬度适中、嵌入性好、价格低、研磨效果好等优点，是一种应用广泛的研具材料。
球墨铸铁	球墨铸铁比灰铸铁的嵌入性更好，且更加均匀、牢固，常用于精密工件的研磨。
软钢	软钢韧性较好，不宜折断。常用来制作研磨小型工件的研具。
铜	铜的性质较软，嵌入性好。常用来制作研磨软钢类工件的研具。

研具类型		
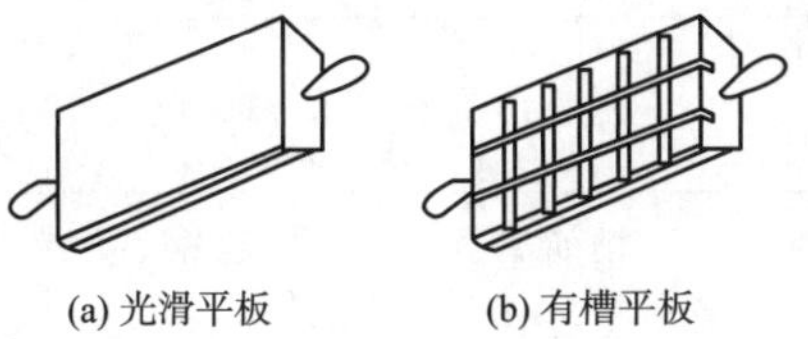 (a) 光滑平板　　(b) 有槽平板	研磨平板	研磨平板主要用来研磨平面,如研磨量块、精密量具的平面等,其中有槽的用于粗研,以避免过多的研磨剂浮在平板上,易使工件研平;光滑的用于精研。
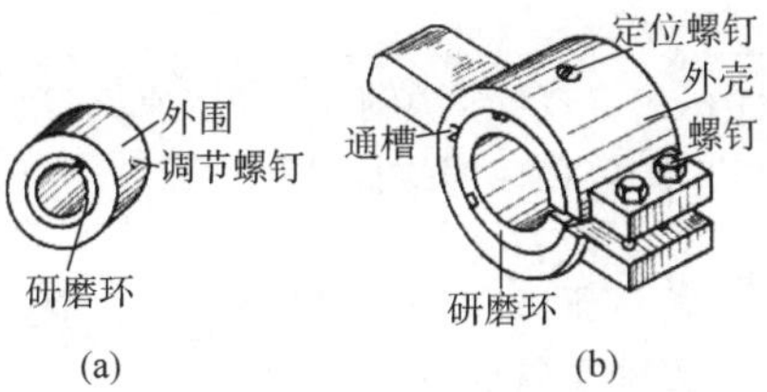 　　(a)　　　　　　(b)	研磨环	研磨环用来研磨轴类工件的外圆柱表面。研磨环的内径应比工件的外径大 0.025 ~ 0.05 mm,当研磨一段时间后,若研磨环内孔磨大,拧紧调节螺钉,可使孔径缩小,以达到所需间隙,图(a)所示。图(b)所示的研磨环,孔径的调整则靠右侧的螺钉。
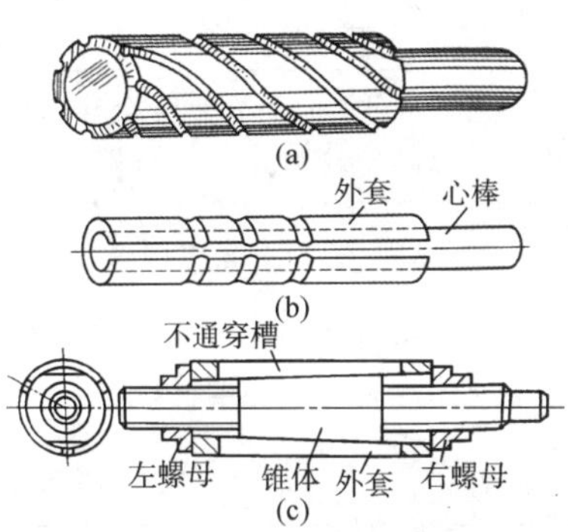	研磨棒	研磨棒主要用来研磨套类工件的内孔,研磨棒有固定式和可调式两种。 　固定式研磨棒制造简单,但磨损后无法补偿,多用于单件的研磨或机修当中。对工件上某一尺寸孔径的研磨,要预先制好2~3个有粗、半精、精研磨余量的研磨棒来完成。有槽的用于粗研,如图(a)所示,光滑的用于精研,如图(b)所示。 　可调式研磨棒,如图(c)所示,因为能在一定的尺寸范围内进行调整,适用于成批生产中工件孔的研磨,使用寿命长,应用广泛。

研磨剂
研磨剂是由磨料、研磨液及辅料调和而成的混合剂。

磨料	
刚玉类磨料	主要用于对碳素工具钢、合金工具钢、高速钢和铸铁工件的研磨。这类磨料能磨硬度在 60 HRC 以上的工件。
碳化物磨料	其硬度高于刚玉类磨料。除了可研磨一般钢制件外,主要用来研磨硬质合金、陶瓷与硬铬之类的高硬度工件。
金刚石磨料	分人造和天然的两种。它的切削能力比刚玉类、碳化物磨料都高,实用效果也好。但由于价格昂贵,一般只用于硬质合金、硬铬、宝石、玛瑙和陶瓷等高硬度工件的精研磨加工。

钳工技术工作手册

常用磨料系列与用途				
系列	磨料名称	代号	特　　性	适用范围
刚玉	棕刚玉	A	棕褐色。硬度高、韧性大、价格便宜。	粗精研磨钢铸铁和黄铜。
	白刚玉	WA	白色。硬度比棕刚玉高、韧性比棕刚玉差。	精研磨淬火钢、高速钢、高碳钢及薄壁零件。
	铬刚玉	PA	玫瑰红或紫红色。韧性比白刚玉高。磨削表面粗糙度值低。	研磨量具、仪表零件等。
	单晶刚玉	SA	淡黄色或白色。硬度和韧性比白刚玉高。	研磨不锈钢、高钒高速钢等强度高、韧性大的材料。
碳化物	黑碳化硅	C	黑色有光泽。硬度比白刚玉高、脆而锋利、导热性和导电性良好。	研磨铸铁、黄铜、铝、耐火材料及非金属材料。
	绿碳化硅	GC	绿色。硬度和脆性比黑碳化硅高,具有良好的导热性和导电性。	研磨硬质合金、宝石、陶瓷、玻璃等材料。
	碳化硼	BC	灰黑色。硬度仅次于金刚石,耐磨性好。	精研磨和抛光硬质合金、人造宝石等硬质材料。
金刚石	人造金刚石	SD	无色透明或淡黄色、黄、绿色、黑色。硬度高、比天然金刚石略脆、表面粗糙。	粗精研磨硬质合金、人造宝石、半导体等高硬度脆性材料。
	天然金刚石	D	硬度最高、价格昂贵。	
其他	氧化铁	—	红色至暗红色。比氧化铬软。	精研磨或抛光钢、玻璃等材料。
	氧化铬	—	深绿色。	

磨料的粒度						
选用仪器	光电沉降仪			沉降管粒度仪		
粒度组成曲线的控制点	粒度最大值 d_{s3}（3% 点处）	粒度中值 d_{s50}（50% 点处）	粒度最小值 d_{s94} 或 d_{s95}（94%~95% 点处）	粒度最大值 d_{s3}（3% 点处）	粒度中值 d_{s50}（50% 点处）	粒度最小值 d_{s94} 或 d_{s95}（94%~95% 点处）
F230	82	53±3.0	34	77	55.7±3.0	38
F1200	7	3.0±0.5	1（80% 处）	20	7.6±0.5	2.4（80% 处）

推荐选取的系列	
研磨要求	粒度选择
粗研磨时,表面粗糙度值 $Ra > 0.2~\mu m$ 时,可用磨粉	F100~F280

精研磨时,表面粗糙度值 Ra 为 0.2~0.1 μm 时,可用微粉	F280~F400
表面粗糙度值 Ra 为 0.1~0.05 μm 时	F500~F800
表面粗糙度值 Ra < 0.05 μm 时	F1000 以下

磨料粒度分级和组成按 GB/T 2481.1—1998、GB/T 2481.2—2009 的规定:粒度分级按 F 系列标记,粗磨粒为 F4~F220;微粉为 F230、F240、F280、F320、F360、F400、F500、F600、F800、F1000、F1200 共 11 个粒度号。研磨剂主要采用 F 微粉系列,分为刚玉和碳化硅微粉两类,它们是用沉降法(通过广电沉降仪或沉降管粒度仪)来检测不粗于 F230 的磨粒。粒度号越大则粒度越细,可根据工件要求的精度选取。

研磨液

研磨液在研磨加工中起到调和磨料、冷却和润滑的作用。研磨液的质量高低和选用是否正确,直接关系着研磨加工的效果。一般要求具备以下条件:

1. 有一定的黏度和稀释能力。磨料通过研磨液的调和,均布在研具表面以后,与研具表面应有一定的粘附性,否则磨料就不能对工件产生切削作用。

2. 有良好的润滑和冷却作用。研磨液在研磨过程中,应起到良好的润滑和冷却作用。

3. 不影响人体健康且对工件无腐蚀性,选用研磨液首先应该考虑以不损害操作者的皮肤和健康为主,而且易于清洗干净。

4. 粗研钢件时可用煤油、汽油或全损耗系统用油;精研时可用全损耗系统用油与煤油的混合液。

研磨膏

在磨料和研磨液中再加入适量的石蜡、蜂蜡等填料和黏性较大、氧化作用较强的油酸、脂肪酸等,即可配制成研磨膏。使用时将研磨膏加全损耗系统用油稀释即可进行研磨。研磨膏分粗、中、精三种,可按研磨精度的高低选用。

研磨方法

手工研磨和机械研磨

手工研磨平面时,研磨剂涂在研磨平板(研具)上,手持工件作直线往复运动或"8"字形运动。研磨一定时间后,将工件调转 90°~180°,以防工件倾斜。对于工件上局部待研的小平面、方孔、窄缝等表面,也可手持研具进行研磨。批量较大的简单零件上的平面亦可在平面研磨机上研磨。

手工研磨
方法

手工研磨运动轨迹的形式

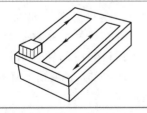	直线往复式	常用于研磨有台阶的狭长平面等,能获得较高的几何精度。

钳工技术工作手册

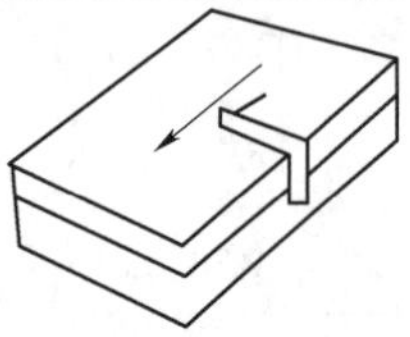	直线摆动式	用于研磨某些圆弧面,如样板角尺、双斜面直尺的圆弧测量面。
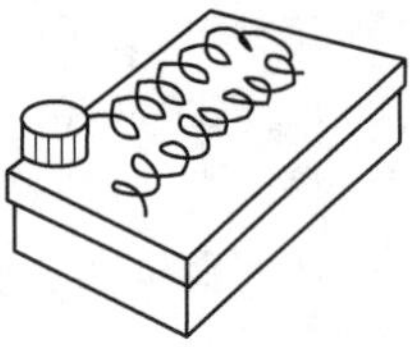	螺旋形	用于研磨圆片或圆柱形工件的端面,能获得较好的表面粗糙度和平面度。
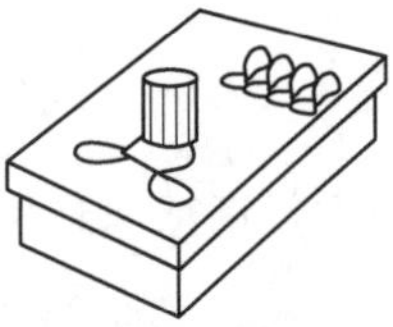	8字形和仿8字形	常用于研磨小平面工件,如量规的测量面等。

研磨工艺

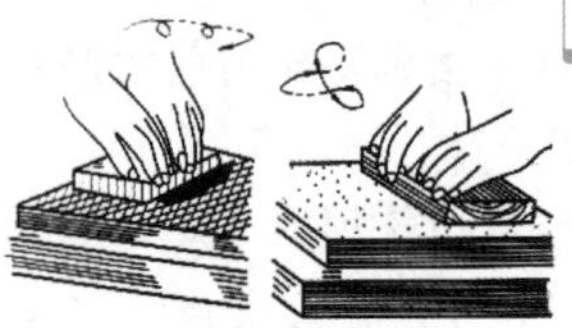 一般平面的研磨	平面研磨	一般平面	工件沿平板平面用8字形、螺旋形或螺旋形和直线形运动轨迹相结合的方式进行研磨。
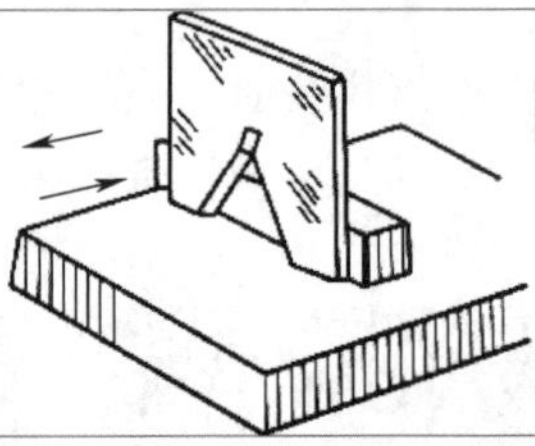 窄平面的研磨		狭窄平面	为防止研磨平面产生倾斜和圆角、研磨时应用金属块做"倒靠",采用直线研磨轨迹。
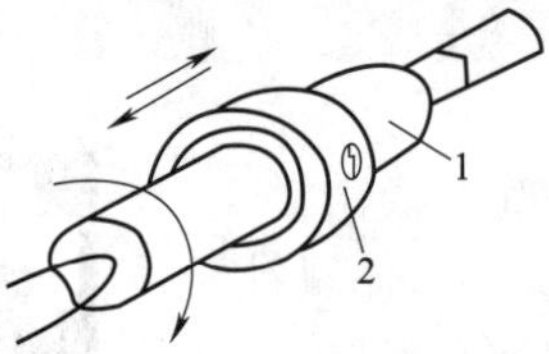 1—工件　2—压环 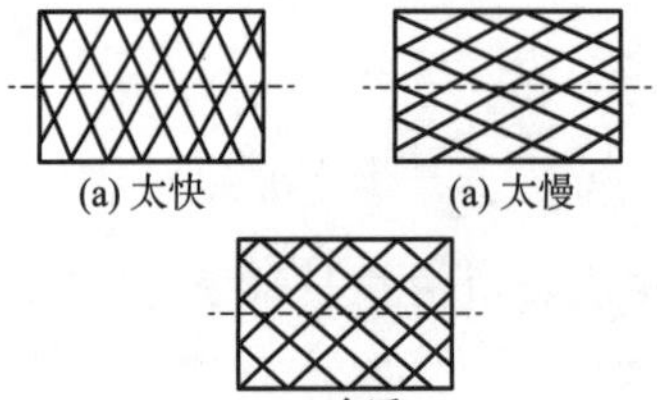 (a) 太快　(a) 太慢 (c) 合适	曲面研磨	外圆柱面研磨	圆柱面研磨一般是手工与机器配合进行研磨。 　研磨外圆柱面一般是在车床或钻床上用研套对工件进行研磨。研套的内径应比工件的外径大 0.025 ~ 0.05 mm。 　工件由机床带动,上面均匀涂满研磨剂,用手推动研磨环,通过工件旋转和研磨环沿轴线方向做往复运动进行研磨。研磨环的往复移动速度,可根据研磨时的网纹来控制,当出现45°时,说明研磨环速度适宜。

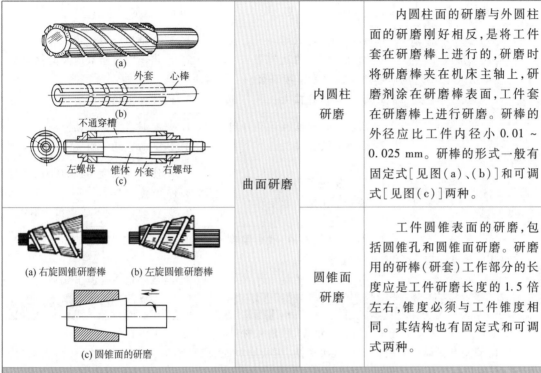

曲面研磨	内圆柱研磨	内圆柱面的研磨与外圆柱面的研磨刚好相反,是将工件套在研磨棒上进行的,研磨时将研磨棒夹在机床主轴上,研磨剂涂在研磨棒表面,工件套在研磨棒上进行研磨。研棒的外径应比工件内径小 0.01 ~ 0.025 mm。研棒的形式一般有固定式[见图(a)、(b)]和可调式[见图(c)]两种。
	圆锥面研磨	工件圆锥表面的研磨,包括圆锥孔和圆锥面研磨。研磨用的研棒(研套)工作部分的长度应是工件研磨长度的 1.5 倍左右,锥度必须与工件锥度相同。其结构也有固定式和可调式两种。

研磨时的上料

　　压嵌法:用三块平板在上面加上研磨剂,用原始研磨法轮换嵌砂,使砂粒均匀嵌入平板内,以进行研磨工作。用淬硬压棒将研磨剂均匀压入平板,以进行研磨工作。涂敷法:研磨前将研磨剂涂敷在工件或研具上,其加工精度不及压嵌法高。

研磨压力和速度

　　研磨时,压力和速度对研磨效率和研磨质量有很大影响。压力太大,研磨切削量虽大,但表面粗糙度差,且容易把磨料压碎而使表面划出深痕。

　　一般情况下,粗磨时压力可大些,精磨时压力应小些。

　　速度不应过快,否则会引起工件发热变形。尤其是研磨薄形工件和形状规则的工件时更应注意。一般情况,粗研磨速度为 40 ~ 60 次/min;精研磨速度为 20 ~ 40 次/min。

研磨缺陷的分析

　　研磨后一般采用光隙判别法进行质量检测。观察时,以光隙的颜色来判断其直线度误差,如没有灯箱也可采用自然光源。当光隙颜色为亮白色或白光时,其直线度误差小于 0.02 mm;当光隙颜色为白光或红光时,其直线度误差大于 0.01 mm;当光线为紫光或蓝光时。其直线度误差大于 0.005 mm;当光隙为蓝光或不透光时,其直线度误差小于 0.005 mm。

废品形式	废品产生原因	防止方法
表面不光洁	1. 磨料过粗 2. 研磨液不当 3. 研磨剂涂得太薄	1. 正确选用磨料 2. 正确选用研磨液 3. 研磨剂涂布应适当

钳工技术工作手册

53

表面拉毛	研磨剂中混入杂质	重视并做好清洁生产
平面成凸形或 孔口扩大	1. 研磨剂涂得太厚 2. 对孔口或工件边缘被挤出的研磨剂未擦去就继续研磨 3. 研棒伸出孔口太长	1. 研磨剂应涂得适当 2. 被挤出的研磨剂应及时擦去后再研磨 3. 研棒伸出长度应适当
孔成椭圆形或有锥度	1. 研磨时没有变换运动方向 2. 研磨时没有调头研	1. 研磨时应变换运动方向 2. 研磨时应调头研
薄形工件拱曲变形	1. 工件发热了仍继续研磨 2. 装夹不正确引起变形	1. 不使工件温度超过 50 ℃,发热后应暂停研磨 2. 装夹要稳定,不要夹得太紧
尺寸或几何精度超差	1. 测量时没有在标准温度(20 ℃)下进行 2. 不注意经常测量	1. 不要在工件发热时进行精密测量 2. 经常注意在常温下测量

研磨注意事项

1. 研磨时,研具尺寸与几何形状要准确,研具的材料必须稍软于工件材料。

2. 研磨用磨料粒度应由粗到细依次更换,更换磨料时,应将前道工序的磨削痕迹全去除,研磨要进行到只能看见本次磨削痕迹为止。

3. 研磨工艺要合理,磨料的粒度要选用精确,研磨剂必须配比准确且要涂抹均匀。

4. 研磨时要注意清洁,各类研磨剂要严格分开使用,不能混合,不准混有杂质,特别是进行超精研磨时,其工作场地要非常干净并要保持恒温。

5. 同一研具只能使用同一粒度的磨料,注意进行均匀地研磨。

6. 每次更换磨料粒度之前,必须先将工件彻底清理一遍。

抛光

钳工技术工作手册

概述

　　抛光是通过抛光工具和抛光剂对工件进行极其细微切削的加工方法,其切削作用包含着物理和化学的综合作用。常规抛光,只要求光亮,不要求精度抛光。如纪念章、金属工艺品的抛光。精密抛光,不但要求表面光亮,而且要求有很高加工精度的抛光。如量块等精密量具及模具型腔、型芯的抛光。

抛光余量

　　抛光后零件可以获得很高的表面质量,表面粗糙度 Ra 可达 $0.08\ \mu m$,加工面平滑且具有光泽。由于抛光是零件加工的最后一道精加工工序,故要使零件达到所要求的表面质量及加工精度,抛光余量要适当。具体可根据零件的尺寸精度而定,一般选取 $0.005 \sim 0.05$ mm,有时抛光余量就留在零件的公差范围内。

手工抛光

手工抛光工具

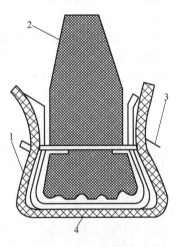

手用抛光器
1—人造皮革;2—木质手柄;
3—铁丝;4—尼龙布

平面抛光器	平面抛光器的手柄用硬木制成长方形或正方形,在工作面上刻有大小适当的凹槽,在工作面稍高的地方刻有用于缠绕布类制品的止动凹槽,当使用粒度较粗的抛光膏进行一般抛光时,只需将抛光膏涂在抛光器的工作面进行抛光即可,当使用极细的微粉进行抛光时,可将人造皮革缠绕在工作面上,再把磨料放在人造皮革上用尼龙布缠绕,用铁丝沿止动凹槽捆紧后进行抛光,如果需要使用更细微的磨料进行抛光。则可把磨料放在经过尼龙布包扎的人造皮革上,再以粗料棉布或法兰绒进行包扎,之后进行抛光,原则上磨粒越细,用于包卷的布料越柔软,每一种抛光器只能使用同种粒度的磨粒,各种抛光器不可混放在一起,应使用专用密封容器保管。
曲面抛光器	曲面用抛光器的制作方法与平面抛光器基本相同,抛光凸形工件的,其工作面的曲率半径要比工件曲率半径大 3 mm,抛光凹形工件的,其工作面的曲率半径要比工件曲率半径小 3 mm,对于自由曲面的抛光应尽量使用小型抛光器。因为抛光器越小越容易模拟自由曲面的形状。

手工抛光方法

1. 由于抛光的基本原理与研磨相同,因此对研磨的工艺要求同样也适用于抛光。
2. 在具体确定抛光工艺步骤时,应根据操作者的经验、所使用的工艺装备及材料性能等情况来确定工艺规范。

3. 在抛光时,应先用硬的抛光工具进行研抛,然后再换用软质抛光工具进行精抛。选好了抛光工具后,可先用较粗粒度的抛光膏进行研抛,之后,再逐步减小抛光膏的粒度。一般情况下,每个抛光工具只能用同一种粒度的抛光膏,不准混用。在手抛时,抛光膏涂在工具上;机械抛光时,抛光膏涂在工件上。

4. 要严格保持工作场地的清洁,操作人员要时刻注意个人卫生,以防不同粒度的磨料相互混淆,污染和影响抛光现场的工艺卫生。

5. 在研抛时,应注意抛光工序间的清洗工作,要求每更换一次不同粒度号的磨料时,就要进行一次煤油清洗,不准把上道工序使用的磨料带入到下道工序中去。

6. 要根据抛光工具的硬度和抛光膏粒度来施加压力。磨料越细,则作用在抛光工具上的压力就越轻,采用的抛光剂也就越稀。

7. 抛光用的润滑剂和稀释剂有煤油、汽油、10 号和 20 号机油、无水乙醇及工业透平油等。对这些润滑、清洗、稀释剂均要加盖保存。使用时,应分别采用玻璃吸管吸点法,像点眼药水一样点在抛光件上。千万不要用毛刷往抛光件上涂抹。

8. 使用抛光毡轮、海绵抛光轮、牛皮抛光轮等柔性抛光工具时,要经常查看这些柔性物质的研磨状况,以防因研磨过量而露出与其粘接的金属铁杆,造成抛光面的损伤。一般要求当柔性部分还有 2 ~ 3 mm 时,应及时更换新轮。

电动抛光

	利用砂轮机进行抛光	将砂轮机上的砂轮换成柔性布轮(或用砂布页轮)直接进行抛光时,可根据工件抛光前原始表面粗糙度的情况及要求选用不同规格的布轮或砂布页轮,并按粗、中、细逐级进行抛光。
 纱布页轮		
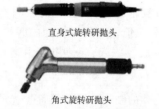 直身式旋转研抛头 角式旋转研抛头	用电动抛光工具进行抛光	当加工面为平面或曲率半径较大的规则面时,可采用手持角式旋转研抛头或手持直身式旋转研抛头配以铜环,抛光膏涂在工件上进行抛光加工;而对于加工面为小曲面或复杂形面时,可采用手持往复式研抛工具配以铜环,并在工件上涂抛光膏进行抛光加工。

抛光注意事项

1. 抛光必须在清洁无尘的室内进行。因为硬质尘粒会污染研磨材料,损害已接近完成的抛光表面。

2. 每个抛光工具只使用一个级别的抛光研磨膏,并存放在防尘或密封的容器内。

3. 当要转换更细一级的砂号时,必须清洗双手和工件。

4. 开始抛光时要先处理角落、边角和圆角等较难抛光的地方。

5. 处理尖角及边角时应特别小心,注意不要形成圆角或圆边,应尽量采用较硬的抛光工具进行模具的研磨和油石打磨。

概述

用钻头在实体材料上加工孔的方法称为钻孔,钻孔可达到的标准公差等级一般为 IT10 ~ IT 11,表面粗糙度值 Ra 一般为 50 ~ 12.5 μm。钻孔只能加工精度要求不高的孔或作为孔的粗加工。

钻削运动

钻头的种类和用途

	扁钻	扁钻切削部分磨成一个扁平体,主切削刃磨出锋角、后角并形成横刃;副切削刃磨出后角与副偏角并控制钻孔直径。
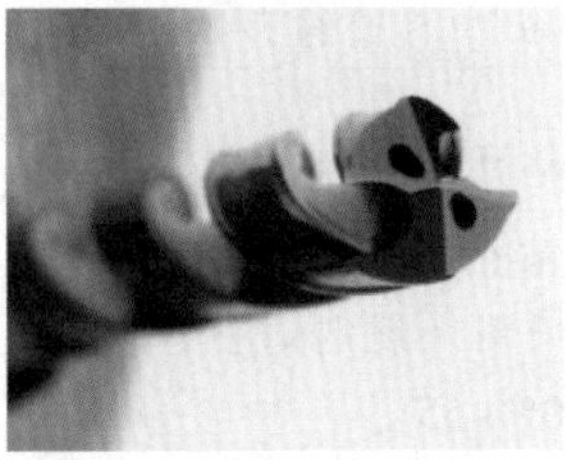	深孔钻	深孔钻头都是采用内排屑,焊接式深孔钻头的刀片是不可以调换的钻头。
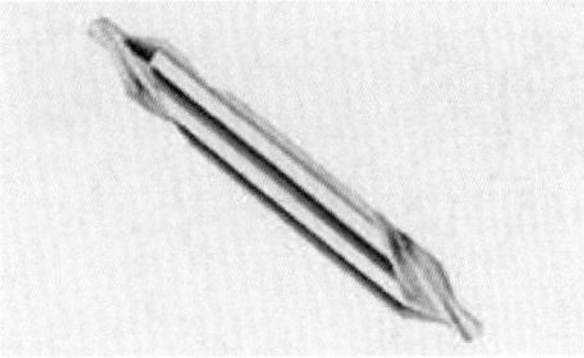	中心钻	按结构可分为中心钻、弧形中心钻、中心锪钻和复合中心钻。复合中心钻由麻花钻和锪钻复合而成,有带护锥和不带护锥两种。中心锪钻是一种多齿钻头,它一般与直柄短麻花钻配合使用,加工直径较大的中心孔。
	麻花钻	麻花钻由柄部、颈部和工作部分组成。柄部是麻花钻的夹持部分,钻孔时用来传递转矩和轴向力。颈部是柄部和工作部分的连接部分,供磨制钻头时砂轮退刀和打印标记用。小直径的钻头不做颈部。工作部分又可分为切前部分和导向部分。

麻花钻的组成

标准麻花钻几何角度

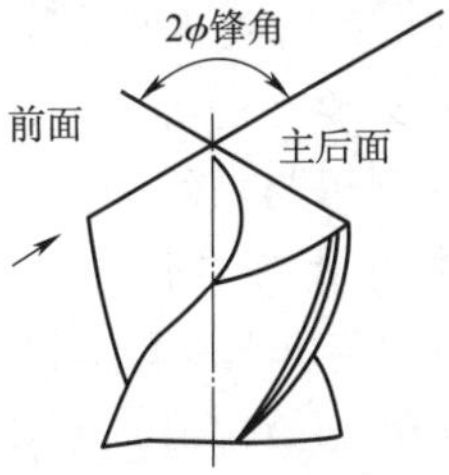

2φ锋角　前面　主后面	顶角(2φ锋角)	顶角的大小影响主切削刃上轴向力的大小。顶角小,轴向阻力小,刀尖角增大,有利于散热和提高钻头使用寿命。但该角减小后,在相同条件下,钻头所受到的切削转矩会增大,切屑变形加剧,排屑不易,影响切削液进入。

麻花钻工作部分的组成

钳工技术工作手册

标准麻花钻几何角度

图例	名称	说明
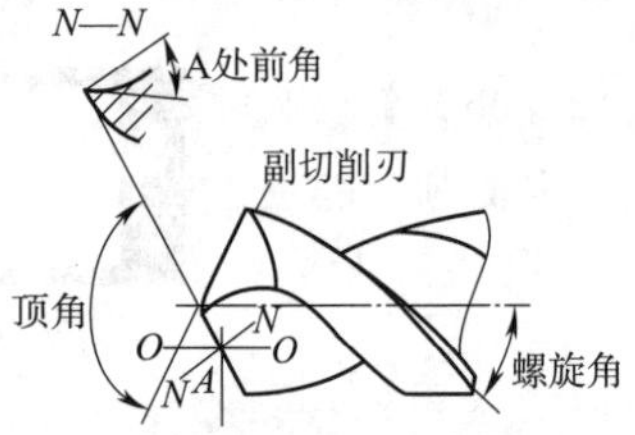	前角（γ_0）	主切削刃上任意一点的前角是通过该点所作的主剖面 P_0—P_0 中前刀面与该点基面间的夹角。前角大小影响切屑的变形和主切削刃的强度，决定着切削的难易程度。
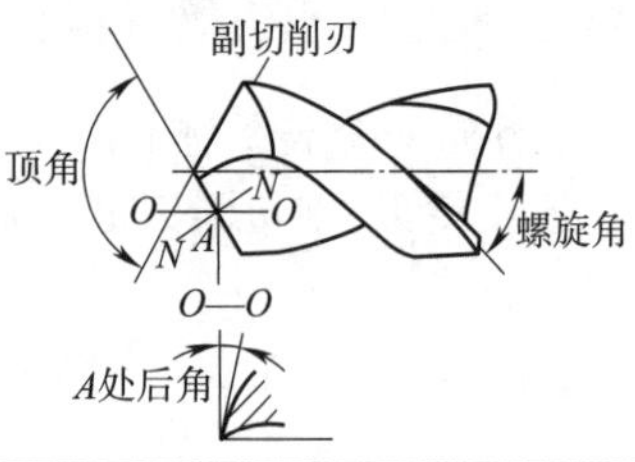	后角（α_0）	主切削刃上任意一点的后角是通过该点所作的平行于钻头轴线的平面内，后刀面与切削平面间的夹角。后角影响后刀面与切削平面的摩擦和主切削力的强度。主切削刃上的各点后角大小也不相等，外缘处最小，约 $8° \sim 14°$，越接近中心处越大，钻头中心处约为 $20° \sim 26°$。
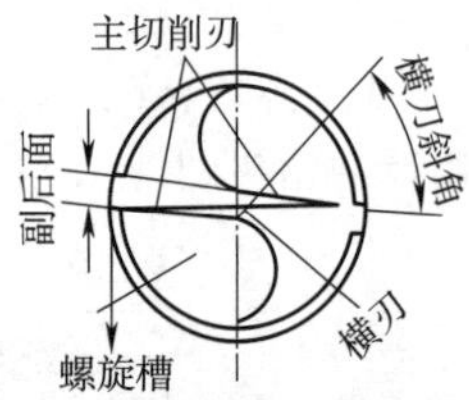	横刃斜角（ϕ）	横刃斜角是横刃与切削刃在钻头端面投影之间的夹角。当钻头后刀面磨出时，横刃斜角就自然形成了。可用来判别钻心处后角是否磨得正确，一般取 $50° \sim 55°$。

钻头修磨方式

图　例	名称	说　明	修磨要点
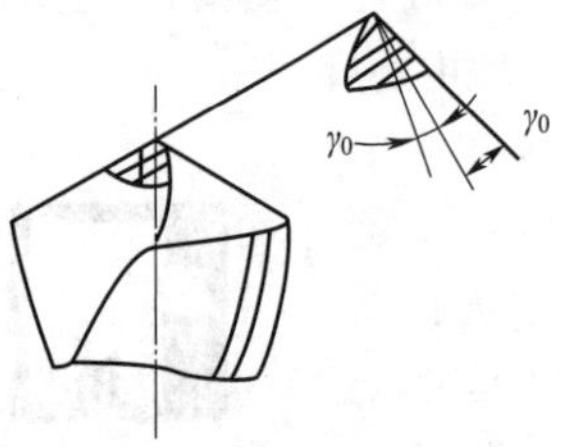	修磨横刃	直径 5 mm 以上的钻头，要将横刃长度磨到原长度的 $1/3 \sim 1/5$，并增加靠钻心处的前角，以减小轴向阻力，改善定心作用。	标准麻花钻的刃磨　　麻花钻刃磨 麻花钻刃磨时，选择砂轮粒度为 $46 \sim 80$，硬度为中软级（K、L）为宜。刃磨时应注意冷却，特别是磨小钻头，更应防止切削部分过热退火。针对加工零件材料的硬度，磨出正确的顶角。两条主切削刃要磨的等长，且成直线，两条切削刃与轴线夹角应磨的相等。磨出恰当的后角，用确保横刃斜角 $\phi = 50° \sim 55°$ 来检验。麻花钻结构上的主要缺点:
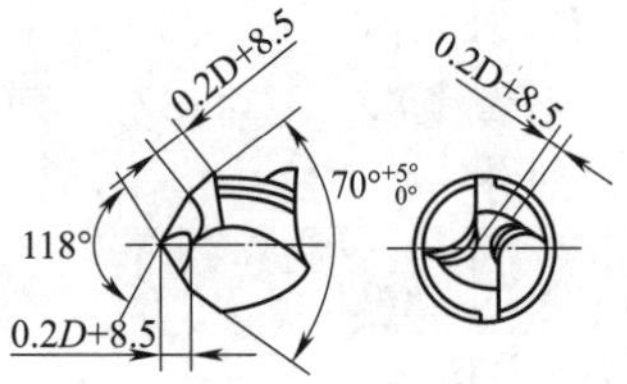	修磨主切削刃	对于钻削铸铁大孔的钻头，为改善刀尖角处散热条件，强化刀尖角，要修磨出双重顶（$2\phi = 70° \sim 75°$）。	
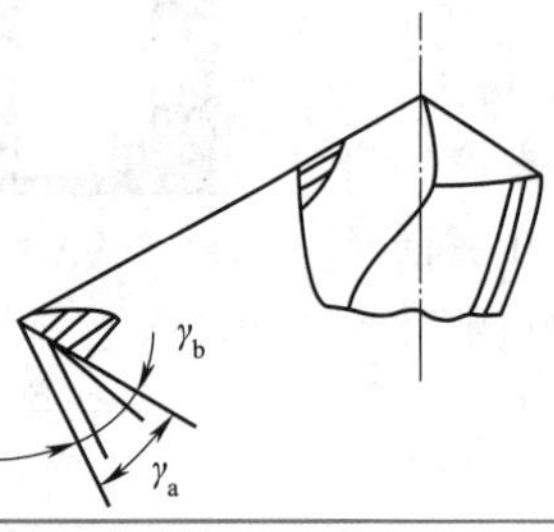	修磨前刀面	在钻削铜合金时，将主切削刃外缘处前刀面磨去一小块，可减小该处前角，避免钻前时"扎刀"。	

图　例	名称	说　明	修磨要点
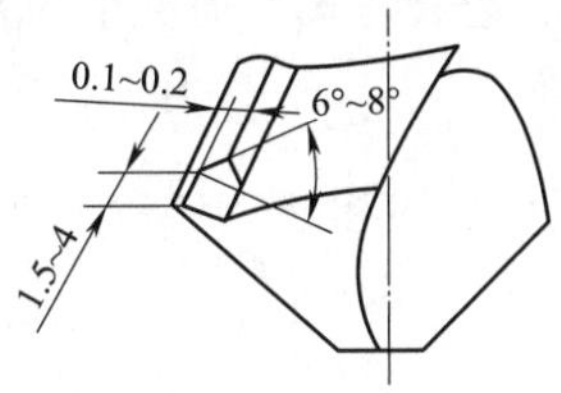 0.1~0.2　6°~8°　1.5-4	修磨棱边	直径较大的钻头,在棱边的前端修磨出副后角,使之由0°增大到6°~8°,并保留棱边宽度为原1/3~1/2,可减小棱边与孔壁的磨擦,提高钻头使用寿命。	1. 横刃较长,横刃前角为负值,切削时横刃处于挤刮状态,使轴向力增大,钻头定心作用差,容易产生振动。 2. 主切削刃上各点的前角大小不一样,致使各点切削性能不同,靠近横刃处前角为负值,切削条件很差,各处于挤刮状态。 3. 主切削刃外缘刀尖角较小,前角很大,刀齿薄弱。而钻削时,该处切削速度最高,容易磨损。 4. 主切削刃长,而且全部参加切削,各处切削排出的速度相差较大,使切屑卷曲成螺旋卷,容易堵塞容屑槽,排屑困难,并影响切削液进入到切削区。 5. 导向部分棱边较宽,而副后角为零,钻削时靠近切削部分棱边与孔壁摩擦严重,容易发热和磨损。
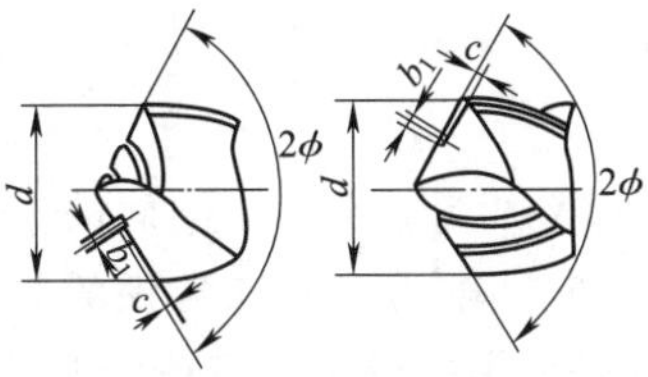	修磨分屑槽	在两个主切削刃后刀面上修出错开的分屑槽有利于分屑、排屑。	

钻孔时常用的辅助工具

图例	名称	说明	
	扳手式钻夹头	扳手钻夹头由于是靠扳轮来拧紧夹头的,而扳轮是一个带加长力臂的锥齿轮,所以在拧紧过程中,可以起到增加力矩输入的作用,因此夹头的夹持力大。	 直柄麻花钻的装拆
	自紧式钻夹头	这种钻夹头与手紧钻夹头外表相似,操作方法相同,即手动用力输入夹紧力即可工作,但当手动输入夹紧力不足时,它能自动输入夹紧力,使钻削工作顺利完成。	 锥柄麻花钻的装拆
	平口钳	平口钳又称机用虎钳,是一种通用夹具,常用于安装小型工件,它是铣床、钻床的随机附件,将其固定在机床工作台上,用来夹持工件进行切削加工。	

钻孔时常用的辅助工具

	压板	适用于较大工件且钻孔直径在 10 mm 以上的情况,在使用该方法夹紧时,压板厚度与压紧螺栓比例要适当,以免造成压板弯曲变形而影响压紧力。
	V 形架	适用于圆柱形工件,装夹时应使钻头轴线垂直通过 V 形架的对称平面,保证钻出孔的中心线通过工件轴心线。
	角铁装夹	适用于底面不平或加工基准面在侧面的工件。由于钻孔时的轴向钻削力作用在角铁的安装平面之外,故角铁必须用压板固定在钻床上。
	三爪自定心卡盘	适用于圆柱工件端面的钻孔。
	手持虎钳装夹	适用于小型工件或薄板件的小孔加工。

切削用量的选择

　　钻孔时的切削用量是指钻头在切削时的切削速度、进给量、背吃刀量的总称。选择切削用量的目的是保证加工精度和表面粗糙度,保证钻头合理的刀具寿命前提下,使生产效率最高,同时不允许超过机床的功率和机床、刀具、工件、夹具等强度和刚度。钻孔时的切削速度是钻削时钻头直径上的一点的线速度,单位是 m/s,可由下式计算。

$$v = \frac{\pi D n}{1\ 000}$$

式中　　D——钻头直径;n——钻头的转速。

钻削用量

　　工程常用的转速单位是 m/min。由于钻床一般标示的是转速,因此在实际应用中转速更直观一些;钻孔时的进给量是钻头每转一周向下移动的距离,单位是 mm/r,钻孔时的背吃刀量等于钻头半径。下表所示为钻削钢材时切削用量表。

钢的性能	进给量													
	0.2	0.27	0.36	0.49	0.66	0.88								
	0.16	0.20	0.27	0.36	0.49	0.66	0.88							
	0.13	0.16	0.20	0.27	0.36	0.49	0.66	0.88						
	0.11	0.13	0.16	0.20	0.27	0.36	0.49	0.66	0.88					
好	0.09	0.11	0.13	0.16	0.20	0.27	0.36	0.49	0.66	0.88				
↓		0.09	0.11	0.13	0.16	0.20	0.27	0.36	0.49	0.66	0.88			
差			0.09	0.11	0.13	0.16	0.20	0.27	0.36	0.49	0.66	0.88		
				0.09	0.11	0.13	0.16	0.20	0.27	0.36	0.49	0.66	0.88	
					0.09	0.11	0.13	0.16	0.20	0.27	0.36	0.49	0.66	0.88
						0.09	0.11	0.13	0.16	0.20	0.27	0.36	0.49	0.66
							0.09	0.11	0.13	0.16	0.20	0.27	0.36	0.49

钻头直径/mm	切削速度/(m/min)													
≤4.6	43	37	32	27.5	24	20.5	17.7	15	13	11	9.5	8.2	7	6
≤9.6		43	37	32	27.5	24	20.5	17.7	15	13	11	9.5	8.2	7
≤20			43	37	32	27.5	24	20.5	17.7	15	13	11	9.5	8.2
≤30				43	37	32	27.5	24	20.5	17.7	15	13	11	9.5
≤60					43	37	32	27.5	24	20.5	17.7	15	13	11

切削液的选择

　　在钻削过程中,由于切屑的变形和钻头与工件的摩擦所产生的切削热,严重地降低了钻头的切削能力,甚至引起钻头退火。对工件质量也有一定影响。为了提高生产率、延长钻头使用寿命和保证钻孔质量,在钻孔时浇注切削液是一项重要措施。

工件材料	切削液
各类结构钢	3%~5% 乳化液,7% 硫化乳化液
不锈钢、耐热钢	3% 肥皂加 2% 亚麻油水溶液,硫化切削油

钳工技术工作手册

工件材料	切　削　液
黄铜、青铜	5%～8%乳化液
铸铁	5%～8%乳化液,煤油
铝合金	5%～8%乳化液,煤油,煤油与菜油的混合油
有机玻璃	5%～8%乳化液,煤油

钻孔方法

1. 钻半圆孔:对需钻半圆孔的工件,若孔在工件的边缘时,可把两个工件合起来钻,如只需钻一块时,则可用一块相同材料与工件合在一起钻。

2. 钻大孔:一般在工件上钻直径超过 30 mm 的大孔时,可分两次钻削,先用 0.5～0.7 倍孔径的钻头钻孔,然后再用要求孔径的钻头钻孔。

3. 钻深孔:用接长钻钻深孔,同用深孔钻一样,必须中途退出排屑。

4. 钻小孔:钻小孔时应选择较小的进给量和较高的转速。

5. 钻硬孔:在钻硬材料时,因为钻头前刀面受到较大的压力,所以要有足够的润滑。

钻孔方法

钻孔步骤

1. 钻孔前必须按孔的位置、尺寸要求,画出孔位的十字中心线并打上中心样冲眼。

2. 钻头的夹持应先将钻头柄塞入钻夹头的三卡爪内,其夹持长度不得小于 15 mm。

3. 根据工件形状及钻削力的大小,应采用不同的装夹方法以保证钻孔质量和安全。例如:中、小长方体工件用平口钳装夹;轴类及管件类可用 V 形架装夹;异型零件或加工基准在侧面的工件可用角铁进行装夹;小型工件或薄板钻孔时,可用手虎钳夹持等。

4. 钻削用量包括切削速度、进给量和切削深度三要素,应按要求合理进行选择。

5. 调整床台位置及高度。

6. 钻孔时,先将钻头对准样冲眼钻一浅坑,观察其与划线圆周是否同心。如果发现偏心,则应及时矫正。

7. 钻屑过长时应轻抬钻头实施断屑。

钻孔

钻孔注意事项

1. 钻孔前,清理好工作场地,检查钻床安全防护设施及润滑情况,整理好装夹器具等。

2. 扎紧衣袖,戴好工作帽。严禁戴手套操作。

3. 零件要装夹牢固,不能手握零件钻孔。

4. 清除切屑不允许用嘴吹、用手拉,要用毛刷清扫。卷绕在钻头上的切屑,应停车用铁钩拉掉。

5. 钻通孔时,零件底部应加垫块,即将钻透时,力度应减小。

6. 钻床变速应停车。

概述

扩孔属于粗加工范畴,通常应用在镗孔和铰孔之前。用麻花钻或扩孔钻来加工,扩孔的余量较大。扩孔可以准确定心,提高了基准孔的精度,并且减少刀具的磨损,提高了生产效率。

铰孔属于精加工,用铰刀来进行。在事先钻出的留有余量的底孔中铰去薄薄的一层余量,提高了孔的精度和表面粗糙度。

扩孔

用扩孔工具扩大零件孔径的加工方法称为扩孔。扩孔的精度可达 IT 10 ～ IT 9 级,表面粗糙度 Ra 可达 3.2 μm。

扩孔与扩孔钻

扩孔钻的种类和结构特点

扩孔钻的种类按刀体结构分为整体式和镶片式两种;按装夹方式分为直柄、锥柄和套式三种。

装夹方式分类		特点:
	直柄	1. 切削刃只有外边缘一小段,没有横刃,扩孔钻中心不切削。 2. 钻心粗,刚性强,切削平稳。 3. 扩孔钻容屑槽浅。切削时产生屑体体积小,使得排屑容易。 4. 切削刃齿数多,可增强扩孔钻导向作用。
	锥柄	
	套式	

扩孔的方法

用扩孔钻扩孔时,必须选择合格的预钻孔直径和切削用量。一般预钻孔直径为扩孔直径的 0.9 倍;进给量比麻花钻扩孔时大 1.5 ~ 2 倍;切削速度可按钻孔时的 1/2 范围内选择。

在扩削直径较小、长度大的孔时,由于扩孔钻各切削刃的主偏角不一致,原有孔中心与扩孔钻头中心不重合,所以扩孔钻仍会产生位移,为此必须采取下列措施:

1. 利用夹具的导引套,引导扩孔钻扩孔。
2. 钻孔后,不改变零件和钻床主轴中心的相对位置,直接换扩孔钻进行扩孔。
3. 扩孔前用镗刀镗一段合适的导引孔,使扩孔钻在该段孔的引导下进行扩孔。

钳工技术工作手册

铰孔

　　铰孔是用铰刀从工件壁上切除微量金属层,以提高孔的尺寸精度和表面质量的加工方法。铰孔是应用较普遍的孔精加工方法之一,其加工精度可达 IT 6 ~ IT 7 级,表面粗糙度 Ra 为 0.4 ~ 0.8 μm。

铰孔

铰孔工具

常用铰刀的种类

按外形分类	圆柱铰刀	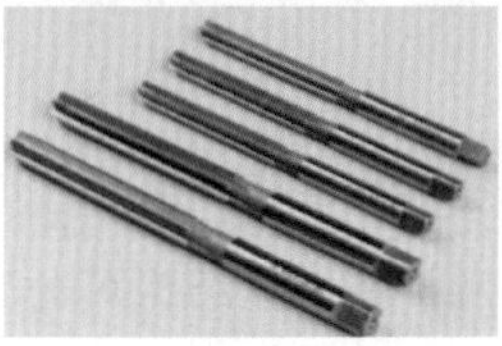
	圆锥铰刀	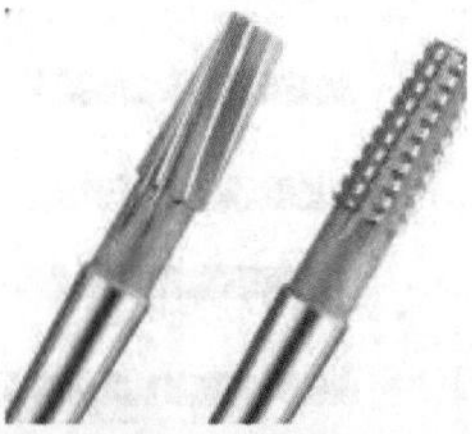
按使用手段分类	机用铰刀	
	手用铰刀	
按结构形式分类	可调式铰刀	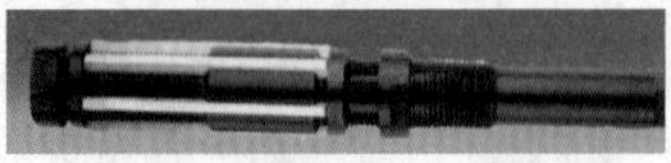
	焊接式铰刀	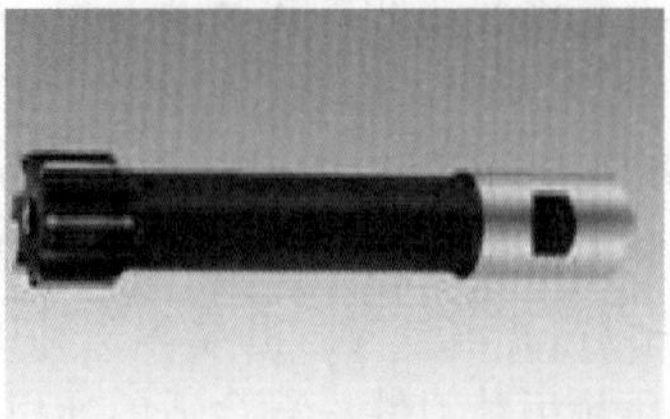

铰刀的结构特点和用途

铰刀由柄部、颈部和工作部分组成。

1. 柄部。柄部是用来装夹和传递转矩及轴向力的部分,有直柄、直柄方榫和锥柄三种。
2. 颈部。颈部是为磨制铰刀时供砂轮退刀用的部分,也是刻印商标和规格之处。
3. 工作部分。工作部分又分为切削部分和校准部分。

铰孔的方法

铰孔的方法分手工铰削和机动铰削两种。铰削时要选用合适的铰刀、铰削余量、切削用量和切削液,再加上正确的操作方法,即能保证铰孔的质量和较高的铰削效率。

正确选用铰刀

铰孔时,除要选用直径规格符合铰孔的要求外,还应对铰刀精度进行选择。铰刀的精度等级主要包括 D4、H7、H8 和 H9 等。三个级别提供,未经研磨的铰刀铰出孔的精度较低。若铰削要求较高的孔时,必须对新铰刀进行研磨,再用于铰孔。

铰削余量

铰削余量一般根据孔径尺寸和钻孔、扩孔、铰孔等工序安排而定。

铰刀直径/mm	铰孔余量/mm
≤6	0.05 ~ 0.1
6 ~ 18	一次铰:0.1 ~ 0.2;二次铰:0.1 ~ 0.15
18 ~ 30	一次铰:0.2 ~ 0.3;二次铰:0.1 ~ 0.15
30 ~ 50	一次铰:0.3 ~ 0.4;二次铰:0.15 ~ 0.25

铰孔的切削用量

采用机动铰孔时,要选用合适的切削速度和进给量。铰削钢材,切削速度宜小于 8 m/min,进给量控制在 0.4 mm/r 左右;铰削铸铁,切削速度宜小于 10 m/min,进给量控制在 0.8 mm/r 左右。

切削液的选用

铰孔时,要根据零件材质合理选用切削液进行润滑和冷却。

铰削操作要点

手工铰削时要将零件夹持端正,对薄壁件的夹紧力不要太大,防止变形;两手旋转铰杠用力要均衡,速度要均匀。机动铰削时,应严格保证钻床主轴、铰刀和零件孔三者中心的同轴度。机动铰削高精度孔时,应用浮动装夹方式装夹铰刀;铰削盲孔时,应经常退出铰刀,清除铰刀和孔内切屑,防止因堵屑而刮伤孔壁。铰削过程中和退出铰刀时,均不允许铰刀反转。

钳工技术工作手册

概述

锪孔

用锪孔钻或改制的钻头进行孔口形面的加工,称为锪孔。在工件的连接孔端锪出柱形或锥形埋头孔,用埋头螺钉埋入孔内把有关零件连接起来,使外观整齐、装配位置紧凑;将孔口端面锪平,并与孔中心线垂直,能使连接螺栓(或螺母)的端面与连接件保持良好接触。

锪孔的形式

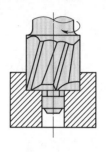	锪柱形埋头孔	 锪孔类型 柱形锪钻起主要切削作用的是端面刀刃,螺旋槽的斜角就是它的前角。锪钻前端有导柱,导柱直径与工件已有孔为紧密的间隙配合,以保证良好的定心和导向。这种导柱是可拆的,也可以把导柱和锪钻做成一体。
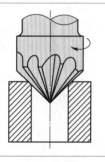	锪锥形埋头孔	锥形锪孔钻的锥角按工件锥形埋头孔的要求不同,有 60°、75°、90°、120° 四种。其中 90° 的用得最多。
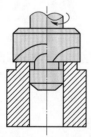	锪孔端平面	端面锪钻可以保证孔的端面与孔中心线的垂直度。当已加工的孔径较小时,为了使刀杆保持一定强度,可将刀杆头部的一段直径与已加工孔为间隙配合,以保证良好的导向作用。

锪孔工具

柱形锪孔钻

	标准柱形锪钻	标准柱形锪钻起主要切削作用的是端面刀刃,螺旋槽的斜角就是它的前角,前端有导柱,导柱直径与工件上已有的孔为紧密的间隙配合,以保证良好的定心与导向。

|  | 麻花钻刃磨改制的柱形锪钻 | 用麻花钻改制的柱形锪钻有带导柱和不带导柱两种结构形式。前者需要先在磨床上磨出导向圆柱,然后手工开刃;后者则由钳工自行手工刃磨完成。但两者都要求两条主切削刃要等长、等高,以防锪孔时产生振动。 |

锥形锪孔钻

由于锪孔时无横刃切削,故轴向抗力减小,为了减小振动,可磨成双重后角结构,对外缘处的前角可做适当修小,以防扎刀。

|  | 标准锥形锪钻 | 标准锥形锪钻直径为 12 ~ 60 mm,齿数为 4 ~ 12 个。 |
|  | 麻花钻改制的锥形锪钻 | 用麻花钻改制的锥形锪钻,其顶角应与锥孔锥角一致,两切削刃要磨得对称。 |

锪孔注意事项

1. 锪孔时的进给量为钻孔的 2 ~ 3 倍,精锪时可利用停车后的主轴惯性来锪孔,以减少振动而获得光滑表面。

2. 使用麻花钻改制锪钻时,尽量选用较短的钻头,并适当减小后角和外缘处前角,以防止扎刀和减少振动。

3. 要根据机床、刀具及工件装夹方法等实际情况,合理确定锪孔步骤,保证底孔与埋头孔的同轴度要求。

4. 当锪孔表面出现多角形振纹等情况时,应立即停止加工,并找出钻头刃磨等问题并及时修整。

概述

用丝锥在工件孔中切削出内螺纹的加工方法称为攻螺纹(俗称攻丝),用板牙在圆柱棒上切出外螺纹的加工方法称为套螺纹(俗称套扣)。

攻螺纹

工具

| 丝锥 | 丝锥又称螺丝攻,是一种加工内螺纹的刀具,沿轴向开有沟槽。丝锥根据其形状分为直槽丝锥,螺旋槽丝锥和螺尖丝锥(先端丝锥)。是用来加工较小直径内螺纹的成形刀具,一般选用合金工具钢 9SiGr 并经热处理制成。通常 M6～M24 的丝锥一套为两支,称头锥、二锥;M6 以下及 M24 以上一套有三支、即头锥、二锥和三锥。 |

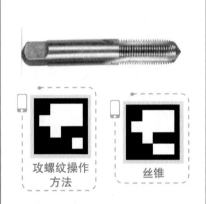

攻螺纹操作方法　　丝锥

每个丝锥都有工作部分和柄部组成。工作部分由切削部分和校准部分组成。轴向有几条(一般是三条或四条)容屑槽,相应地形成几瓣刀刃(切削刃)和前角。切削部分(即不完整的牙齿部分)是切削螺纹的重要部分,常磨成圆锥形,以便使切削负荷分配在几个刀齿上。头锥的锥角小些,有5~7 个牙;二锥的锥角大些,有 3~4 个牙。校准部分具有完整的牙齿,用于修光螺纹和引导丝锥沿轴向运动。柄部有方头,其作用是与铰扛相配合并传递扭矩。

铰扛

有普通铰扛和丁字铰扛两类。丁字铰扛主要用在攻工件凸台旁的螺孔或机体内部的螺孔。

铰扛是用来夹持丝锥的工具,常用的是可调式铰扛。旋转手柄即可调节方孔的大小,以便夹持不同尺寸的丝锥。铰扛长度应根据丝锥尺寸大小进行选择,以便控制攻螺纹时的扭矩,防止丝锥因施力不当而扭断。

攻螺纹前钻底孔直径和深度的确定以及孔口的倒角

底孔直径的确定

丝锥在攻螺纹的过程中,切削刃主要是切削金属,但还有挤压金属的作用,因而造成金属凸起并向牙尖流动的现象,所以攻螺纹前,钻削的孔径(即底孔)应大于螺纹内径。底孔的直径可按下面的经验公式计算:

脆性材料(铸铁、青铜等):钻孔直径 $d_0 = d$(螺纹外径) $- 1.1P$(螺距)

塑性材料(钢、紫铜等):钻孔直径 $d_0 = d$(螺纹外径) $- P$(螺距)

普通螺纹攻螺纹前底孔直径可查下表

内螺纹大径	螺距 P	钻头直径	
		铸铁、青铜、黄铜	钢、可锻铸铁、纯铜、压层板
2	0.4	1.6	1.6
	0.25	1.75	1.75

左侧竖排：钳工技术工作手册

2.5	0.45 0.35	2.05 2.15	2.05 2.15
3	0.5 0.35	2.5 2.65	2.5 2.65
4	0.7 0.5	3.3 3.5	3.3 3.5
5	0.8 0.5	4.1 4.5	4.2 4.5
6	1 0.75	4.9 5.2	5 5.2
8	1.25 1 1.75	6.6 6.9 7.1	6.7 7 7.2
10	1.5 1.25 1 1.75	8.4 8.6 8.9 9.1	8.5 8.7 9 9.2
12	1.75 1.5 1.25 1	10.1 10.4 10.6 10.9	10.2 10.5 10.7 11
14	2 1.5 1	11.8 12.4 12.9	12 12.5 13
16	2 1.5 1	13.8 14.4 14.9	14 14.5 15
18	2.5 2 1.5 1	15.3 15.8 16.4 16.9	15.5 16 16.5 17
20	2.5 2 1.5 1	17.3 17.8 18.4 18.9	17.5 18 18.5 19
22	2.5 2 1.5 1	19.3 19.8 20.4 20.9	19.5 20 20.5 21
24	3 2 1.5 1	20.7 21.8 22.4 22.9	21 22 22.5 23

钻孔深度的确定

攻盲孔(不通孔)的螺纹时,因丝锥不能攻到底,所以孔的深度要大于螺纹的长度,盲孔的深度可按下面的公式计算:

$$孔的深度 = 所需螺纹的深度 + 0.7d$$

孔口倒角

攻螺纹前要在钻孔的孔口进行倒角,以利于丝锥的定位和切入。倒角的深度大于螺纹的螺距。

攻螺纹的操作要点及注意事项

1. 根据工件上螺纹孔的规格,正确选择丝锥,先头锥后二锥,不可颠倒使用。

2. 工件装夹时,要使孔中心垂直于钳口,防止螺纹攻歪。

3. 用头锥攻螺纹时,先旋入 1~2 圈后,要检查丝锥是否与孔端面垂直(可目测或用直角尺在互相垂直的两个方向检查)。当切削部分已切入工件后,每转 1~2 圈应反转 1/4 圈,以便切屑断落;同时不能再施加压力(即只转动不加压),以免丝锥崩牙或攻出的螺纹齿较瘦。

攻螺纹

4. 攻钢件上的内螺纹,要加润滑油,可使螺纹光洁、省力和延长丝锥使用寿命;攻铸铁上的内螺纹可不加润滑剂,或者加煤油;攻铝及铝合金、紫铜上的内螺纹,可加乳化液。

5. 不要用嘴直接吹切屑,以防切屑飞入眼内。

6. 攻螺纹时要加注切削液,以减少切削阻力和提高螺纹孔表面质量,延长丝锥使用寿命。

切削液选用表			
材料		切削液类型	材料	切削液类型
钢	精度一般	乳化液	可锻铸铁	乳化油
	精度较高	菜油、豆油、二硫化钼	黄铜、青铜	全损耗系统用油
不锈钢		豆油、黑色硫化油	纯铜	浓度较高的乳化油
灰铸铁		一般不用,要求较高用煤油	铝合金、铝	机油加煤油或浓度较高的乳化油

套螺纹

工具

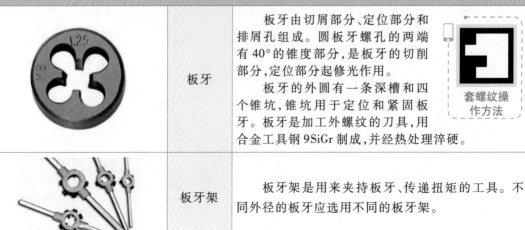

	板牙	板牙由切屑部分、定位部分和排屑孔组成。圆板牙螺孔的两端有 40° 的锥度部分,是板牙的切削部分,定位部分起修光作用。 板牙的外圆有一条深槽和四个锥坑,锥坑用于定位和紧固板牙。板牙是加工外螺纹的刀具,用合金工具钢 9SiGr 制成,并经热处理淬硬。
	板牙架	板牙架是用来夹持板牙、传递扭矩的工具。不同外径的板牙应选用不同的板牙架。

套螺纹操作方法

钳工技术工作手册

套螺纹前圆杆直径的确定和倒角

圆杆直径的确定

与攻螺纹相同,套螺纹时有切削作用,也有挤压金属的作用。故套螺纹前必须检查圆杆直径。圆杆直径应稍小于螺纹的公称尺寸,圆杆直径可按经验公式计算。

经验公式:圆杆直径 = 螺纹大径 $d - (0.13 \sim 0.2)P$(螺距)

外螺纹(粗牙普通螺纹)圆杆直径可查下表

螺纹大径	螺距	螺杆直径	
		最小直径	最大直径
M6	1	5.8	5.9
M8	1.25	7.8	7.9
M10	1.5	9.75	9.85
M12	1.75	11.75	11.9
M14	2	13.7	13.85
M16	2	15.7	15.85
M18	2.5	17.7	17.85
M20	2.5	19.7	19.85
M22	2.4	21.7	21.85
M24	3	23.65	23.8

圆杆端部的倒角

套螺纹前圆杆端部应倒角,使板牙容易对准工件中心,同时也容易切入。倒角长度应大于一个螺距,斜角为 $15° \sim 30°$。

套螺纹的操作要点和注意事项

1. 每次套螺纹前应将板牙排屑槽内及螺纹内的切屑清除干净。

2. 套螺纹前要检查圆杆直径大小和端部倒角。

3. 套螺纹时切削扭矩很大,易损坏圆杆的已加工面,所以应使用硬木制的 V 形槽衬垫或用厚铜板作保护片来夹持工件。工件伸出钳口的长度,在不影响螺纹要求长度的前提下,应尽量短。

套螺纹

4. 套螺纹时,板牙端面应与圆杆垂直,操作时用力要均匀。开始转动板牙时,要稍加压力,套入 $3 \sim 4$ 牙后,可只转动而不加压,并经常反转,以便断屑。

5. 在钢制圆杆上套螺纹时要加机油润滑。

螺纹加工时出现的问题及原因

质量问题	产生的原因	解决办法
丝锥折断	1. 螺纹底孔选择偏小	1. 尽可能加大底孔

钳工技术工作手册

钻工技术工作手册

质量问题	产生的原因	解决办法
丝锥折断	2. 排屑不好,切屑堵塞	2. 刃磨刃倾角或选用螺旋槽丝锥
	3. 攻不通孔时,钻孔深度不够	3. 加大钻孔深度
	4. 攻丝时切削速度太高	4. 适当降低切削速度
	5. 攻丝时丝锥与底孔不同轴	5. 校正夹具,选用浮动攻丝夹头
	6. 丝锥刃磨参数选择不合适	6. 增大丝锥前角,缩短切削锥长度
	7. 工件硬度不稳定	7. 控制工件硬度,选用保险卡头
	8. 丝锥过度磨损	8. 及时更换丝锥
丝锥崩齿	1. 丝锥前角过大	1. 适当减小
	2. 每齿切削厚度过大	2. 适当增加切削锥长度
	3. 丝锥硬度过高	3. 适当降低硬度
	4. 丝锥磨损	4. 及时更换
丝锥磨损太快	1. 攻丝时切削速度太高	1. 适当降低速度
	2. 丝锥刃磨参数不合适	2. 减小前角,加大切削锥长度
	3. 切削液选择不合适	3. 选用润滑性好的切削液
	4. 工件材料硬度高	4. 适当热处理
	5. 刃磨时烧伤	5. 正确刃磨
螺纹中径过大	1. 丝锥精度选择不当	1. 选择适当精度
	2. 切削液选择不当	2. 选择适度切削液
	3. 攻丝切削速度太高	3. 适当降低切削速度
	4. 丝锥与底孔不同轴	4. 校正夹具,选用浮动攻丝夹头
	5. 刃磨参数不合适	5. 减小前角与切削锥后角
	6. 刃磨中产生毛刺	6. 消除毛刺
	7. 切削锥太短	7. 适当增加长度
螺纹中径过小	1. 丝锥精度选择不当	1. 选择适当精度
	2. 刃磨参数不合适	2. 加大前角与切削锥后角
	3. 切削液选择不当	3. 选用润滑性好的切削液
表面不光滑,有波纹	1. 刃磨参数不合适	1. 加大前角,减小锥角
	2. 工件材料软	2. 进行热处理,适当提高硬度
	3. 刃磨不良	3. 前刀面要有较细粗糙度
	4. 切削液选择不合适	4. 选用润滑性好的切削液
	5. 攻丝时切削速度太高	5. 适当降低切削速度
	6. 丝锥磨损	6. 及时更换丝锥

概述

测量是对被测量对象定量认识的过程,即将被测量(未知量)与已知的标准量进行比较,以得到被测量大小的过程,为保证加工后的工件各项参数符合设计要求,在加工前后及加工过程中,必须用量具进行测量。

量具的选择原则和方法:

1. 从工艺方面进行选择(工艺性):在单件、小批量生产中应选通用量具,如各种规格的游标卡尺、千分尺及百分表等。对于大批量生产的零件则应采用专用量具,如卡板、塞规和一些专用检具。

2. 依测量精度考虑(科学性):每种量具都有它的测量不确定度(测量的极限误差),不可避免会将一部分量具的误差带入测量结果中去。为了避免"误收"或"误废"的发生,国家标准《产品几何技术规范(GPS)光滑工件尺寸的检验》(GB/T 3177—2009)对部分量具的选择做了具体的规定,同时还规定了在车间条件下检测工件时应将验收极限尺寸向公差带内移。

3. 从经济价值选择(经济性):在保证测量精度和测量效率的前提下,能用专用量具的,不用万能量具;能用万能量具的,不用精密仪器。

量具的分类

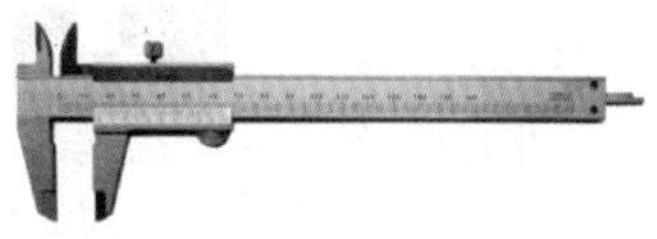	通用量具	游标卡尺	游标卡尺是一种常用的量具,具有结构简单、使用方便、精度中等和测量的尺寸范围大等特点,可以用来测量零件的外径、内径、长度、宽度、厚度、深度和孔距等,应用范围很广。
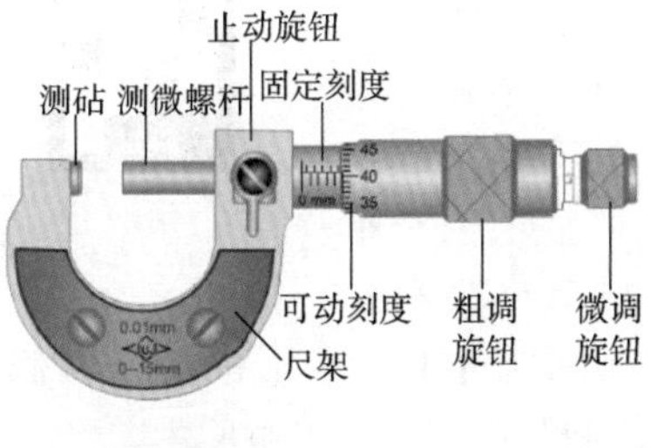		千分尺	千分尺的种类很多,机械加工车间常用的有:外径千分尺、内径千分尺、深度千分尺以及螺纹千分尺和公法线千分尺等,并分别测量或检验零件的外径、内径、深度、厚度以及螺纹的中径和齿轮的公法线长度等。
		百分表	百分表和千分表,都是用来校正零件或夹具的安装位置、检验零件的形状精度或相互位置精度的。

钳工技术工作手册

	通用量具	万能角度尺	万能角度尺又称角度规、游标角度尺和万能量角器，是利用游标读数原理来直接测量工件内外角或进行角度划线的一种角度量具。 用万能角度尺测量样板角度
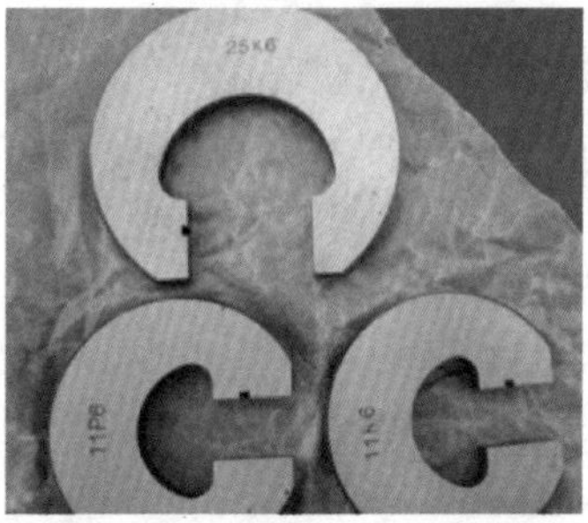	专用量具	卡规	测外圆用的是环规或卡规，按工件的上偏差确定的内径是通规，按工件的下偏差确定的内径是止规。
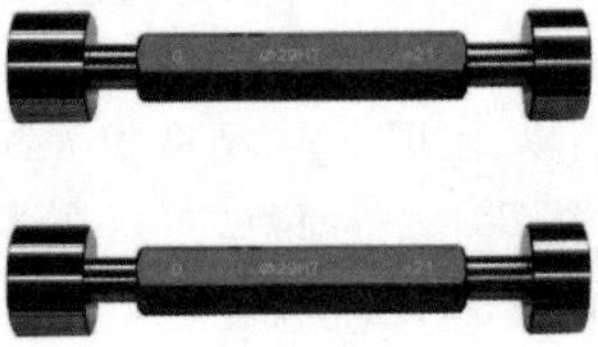		塞规	测内孔用的是塞规，按工件的下偏差确定的外径是通规，按工件的上偏差确定的外径是止规。 用角尺和塞尺检测凸形样板垂直度误差
	标准量具	量块	量块是一种无刻度的标准端面量具。其制造材料为特殊合金钢，形状为长方体结构，六个平面中有两个是相互平行的、极为光滑平整的测量面，两测量面之间具有精确的工作尺寸。 量块
		角度块	角度块是由两相邻工作平面的夹角来确定其角度值的高精度量具，可用于检定角度量具的示值误差，检查角度样块和零件的角度。

钳工技术工作手册

刻线原理与读数

名　称	精度等级	刻线原理	读　数
游标 卡尺 📱 游标卡尺的 读数方法	0.1 mm	游标每格间距 =9 mm ÷ 10 =0.9 mm，主尺每格间距与游标每格间距相差 = 1 − 0.9 = 0.1（mm）	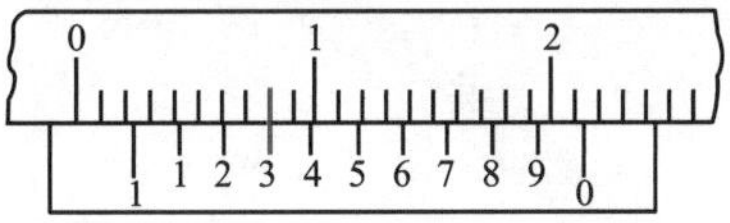 2.3 mm
	0.05 mm	游标每格间距 = 39 mm ÷ 20 = 1.95 mm，主尺 2 格间距与游标 1 格间距相差 = 2 − 1.95 = 0.05（mm）	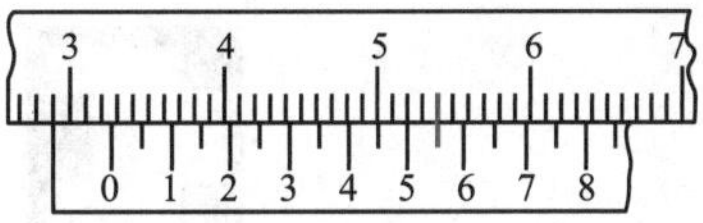 32.55 mm
	0.02 mm	游标每格间距 =49 mm ÷ 50 = 0.98 mm，主尺每格间距与游标每格间距相差 = 1 − 0.98 = 0.02（mm）	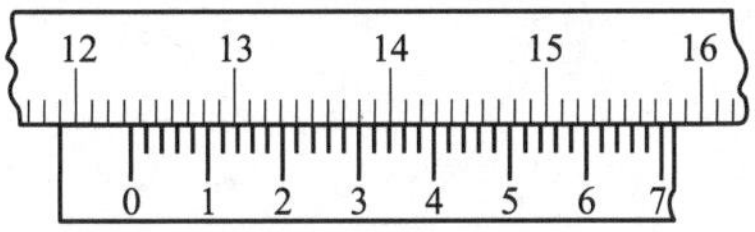 123.22 mm
千分尺 📱 外径千分尺 读数方法	0.01 mm	千分尺螺杆螺距为 0.5 mm，当活动套筒转动一周时螺杆轴向移动 0.5 mm，固定套筒上（主尺）每格刻度为 0.5 mm，活动套筒圆锥周上刻 50 格，因此，当活动套筒转一格时，螺杆就向前移动 0.5 mm ÷ 50 = 0.01 mm。	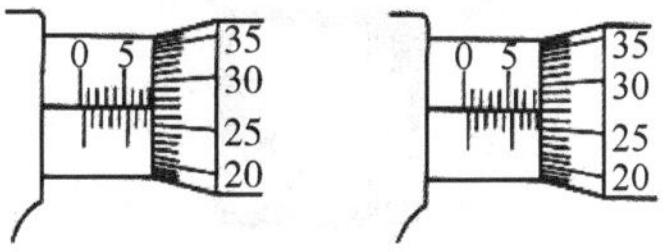 $8 + 27 × 0.01 = 8.27$ $8.5 + 27 × 0.01 = 8.77$
万能角度尺 📱 万能角度尺 读数方法	2′	分度值为 2′ 的游标万能角度尺的扇形板上有 120 格刻线，间隔为 1°，游标上刻有 30 格刻线，对应扇形板上的度数为 29°，则游标上每格刻度为 29°/30 = 58′。扇形板与游标每格相差度数为 1° − 58′ = 2′。	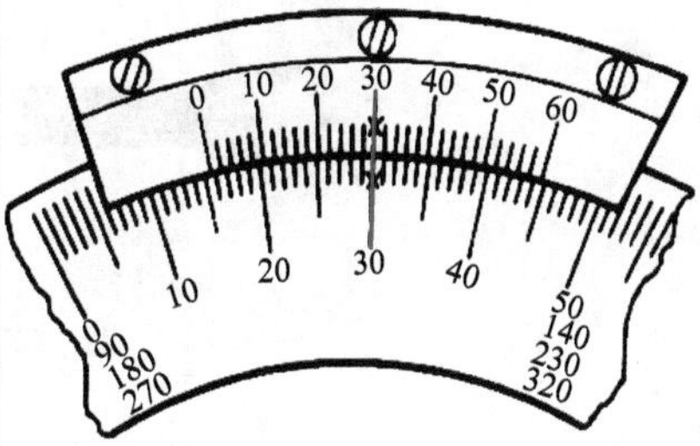 15°30′

钳工技术工作手册

常用量具规格与用途

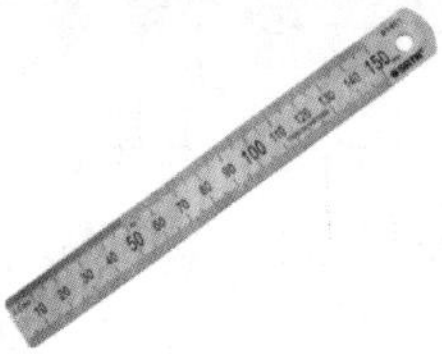	钢板尺	规格（mm）：150、300、500、1 000。	主要用于测量长度、螺距、宽度、内孔、深度以及划线。
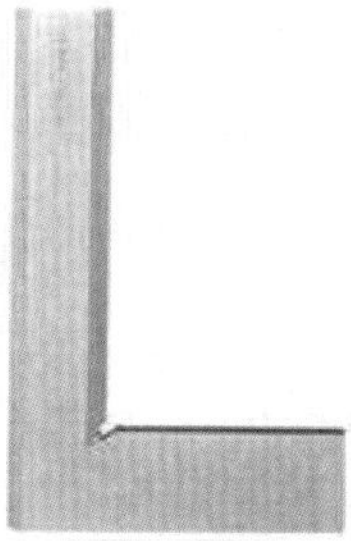 平面度检测	刀口直角尺	规格（mm）：(50×23)、(63×40)、(80×50)、(100×63)、(125×80)、(160×100)、(200×125)等。	主要用于以光隙法进行直线度、平面度、垂直度测量，也可与量块一起，用于检测平面精度。
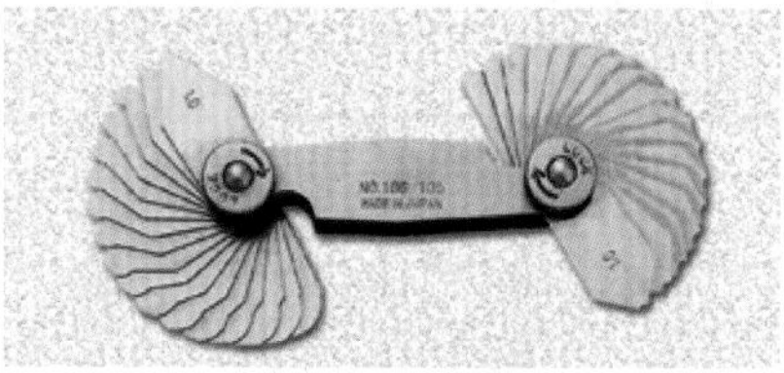 曲面锉削与检测	R规	规格（mm）：(0.3~1.5)、(1~6.5)、(7~14.5)、(15~25)、(25~50)、(52~100)、(26~80)。	R规又称R样板、半径规。是利用光隙法测量圆弧半径的工具。测量时必须使R规的测量面与工件的圆弧完全紧密接触，当测量面与工件的圆弧中间没有间隙时，工件的圆弧半径则为对应的R规上所表示的数字。
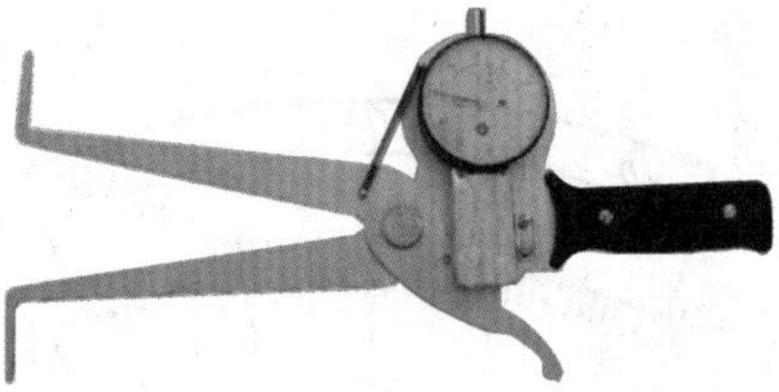	内卡钳	规格（mm）：150、200、250、300、350、400、450、500、600、800、1 000、1 500、2 000。	内卡钳是用来测量内径和凹槽的。广泛应用于要求不高的零件尺寸的测量和检验，尤其是对锻铸件毛坯尺寸的测量和检验，卡钳是最合适的测量工具。
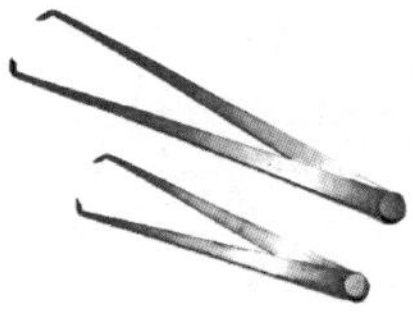	外卡钳		外卡钳用来测量外径和平面。

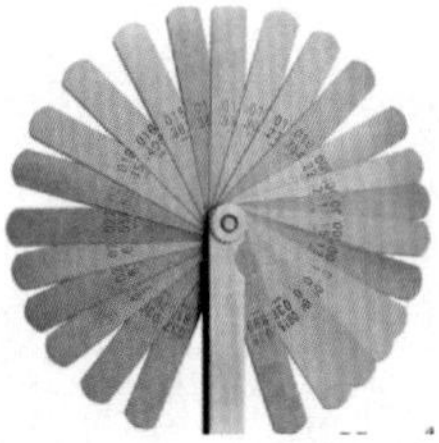

	塞尺	规格（mm）:0.02、0.03、0.04、0.05、0.06、0.07、0.08、0.09、0.1、0.2、0.25、0.3、0.4、0.5、0.75、1.0。	主要用来检验机床特别紧固面和紧固面、活塞与气缸、活塞环槽和活塞环、十字头滑板和导板、进排气阀顶端和摇臂、齿轮啮合间隙等两个接合面之间的间隙大小。
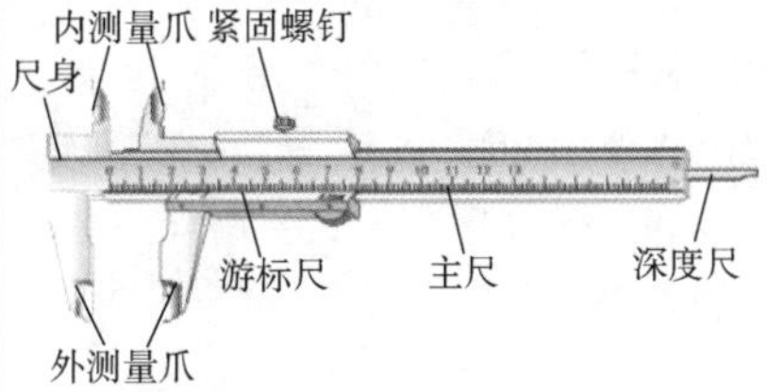 内测量爪 紧固螺钉 尺身 游标尺 主尺 深度尺 外测量爪	游标卡尺	测量范围（mm）: 0～125。	用以测量零件的外径、内径、长度、宽度,厚度、高度、深度、角度以及齿轮的齿厚等,应用范围非常广泛。
		测量范围（mm）: 0～200。	
		测量范围（mm）: 0～300。	
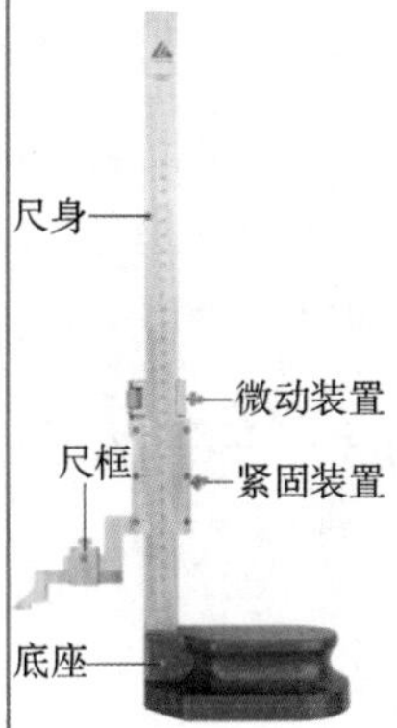 尺身 微动装置 尺框 紧固装置 底座　游标高度尺	高度游标卡尺	测量范围（mm）: 0～200、0～300、0～500、0～1 000。 精度（mm）:0.02。	主要用于划线、测量。 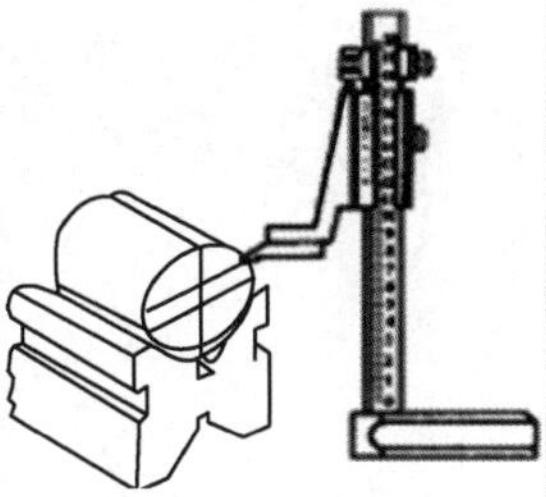
	深度游标卡尺	测量范围（mm）: 0～100、0～150、0～300、0～500。 常见精度（mm）:0.02、0.01。	用于测量零件的深度尺寸或台阶高低和槽的深度。

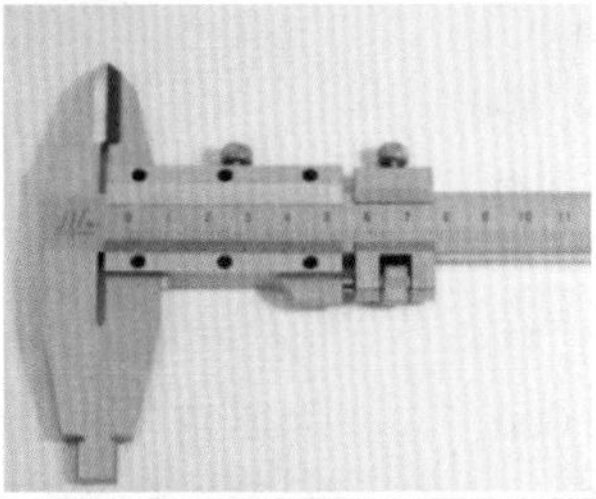

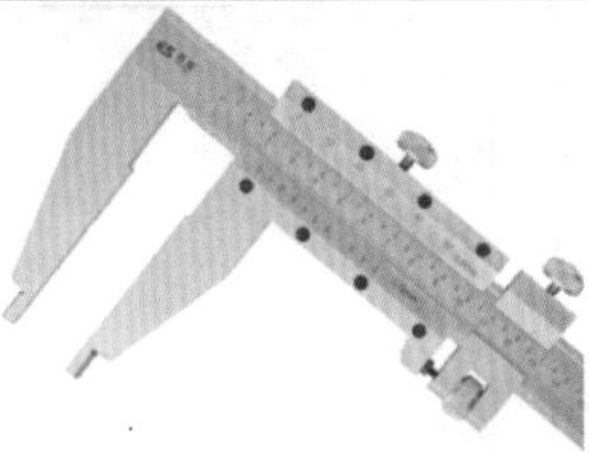

钳工技术工作手册

77

	量具	测量范围	用途
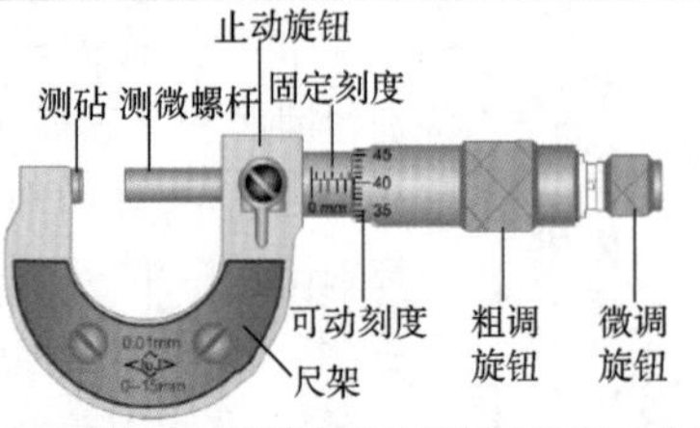	外径百分尺	测量范围（mm）：0～25、25～50、50～75、75～100、100～125等若干种。	主要用于测量厚度、宽度、长度、外径等
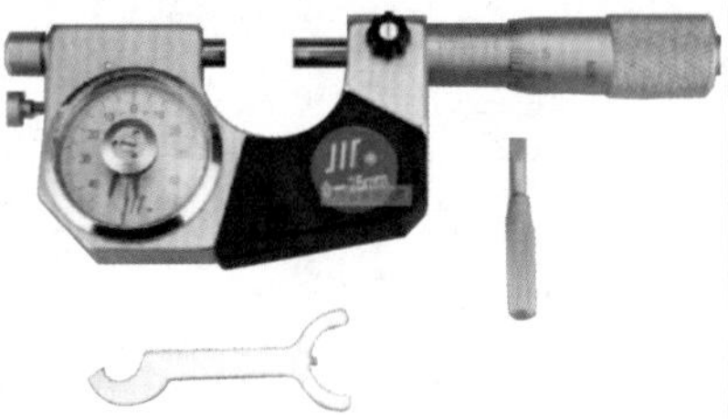	杠杆千分尺	杠杆千分尺既可以进行相对测量，也可以像千分尺那样用作绝对测量。其分度值有 0.001 mm 和 0.002 mm 两种。	主要用于测量厚度、宽度、长度、外径等
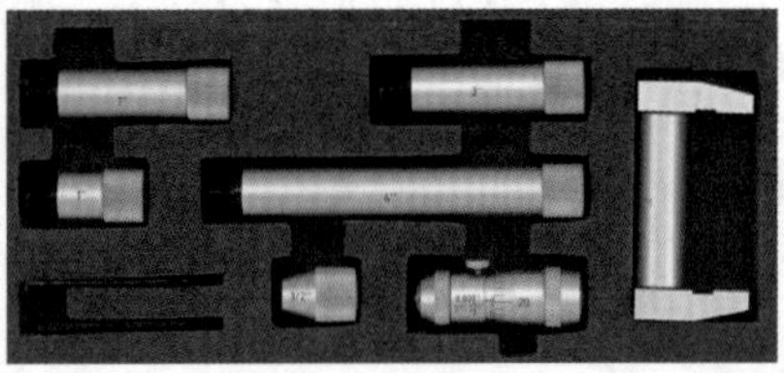	内径千分尺	测量范围（mm）：50～250、50～600、100～1 225、100～1 500、100～5 000、150～1 250、150～1 400、150～2 000、150～3 000、150～4 000、150～5 000、250～2 000、250～4 000、250～5 000、1000～3 000、1000～4 000、1 000～5 000、2 500～5 000。精度（mm）：0.01。	主要用于测量大孔径，为适应不同孔径尺寸的测量。
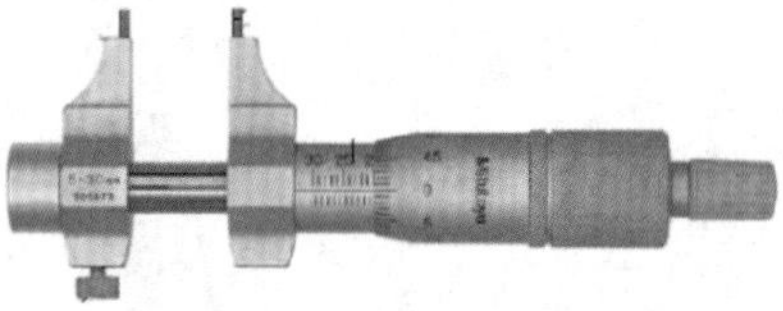	内测百分尺	测量范围（mm）：5～30、25～50。精度（mm）：0.01。	测量小尺寸内径和内侧面槽的宽度。
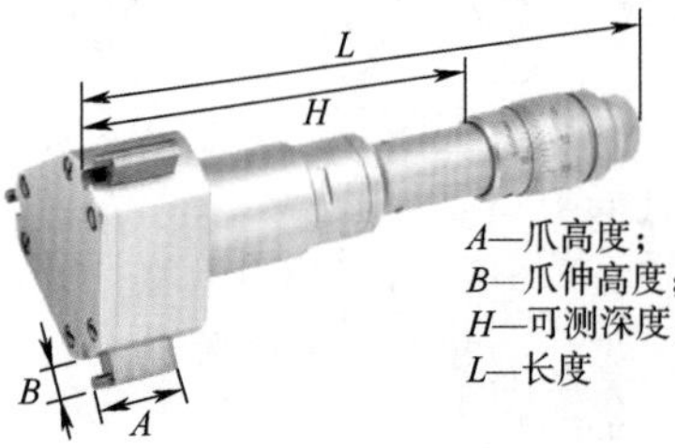	三爪内径千分尺	测量范围（mm）：6～8、8～10、10～12、11～14、14～17、17～20、20～25、25～30、30～35、35～40、40～50、50～60、60～70、70～80、80～90、90～100。	主要用于内径测量。

	公法线长度千分尺	测量范围（mm）：0~25、25~50、50~75、75~100、100~125、125~150。精度（mm）:0.01。	测量外啮合圆柱齿轮的两个不同齿面公法线长度。
	壁厚千分尺	测量范围（mm）：0~10、0~15、0~25、25~50、50~75、75~100。精度（mm）:0.01。	用于测量精密管形零件的壁厚。
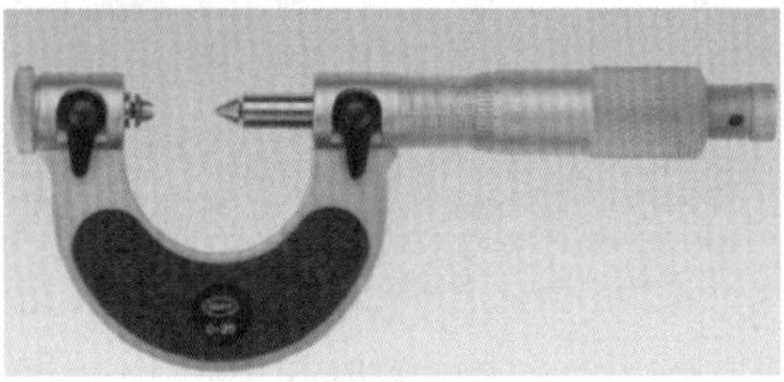	螺纹千分尺	测量范围（mm）：0~25、2~50、50~75、75~100、100~125、125~150。	主要用于测量普通螺纹的中径。
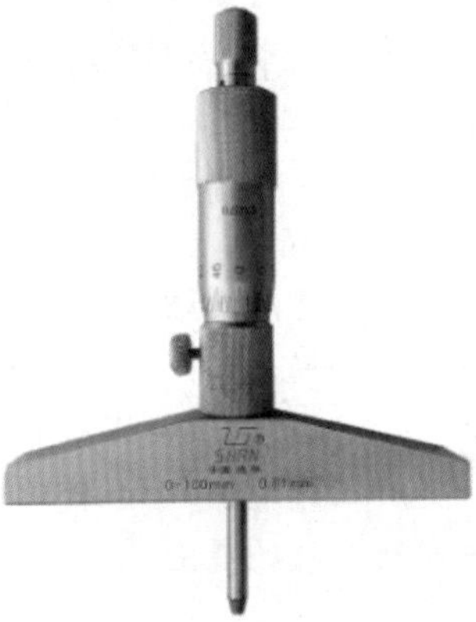	深度百分尺	测量范围（mm）：0~25、25~100、100~150。精度（mm）:0.01。	主要用于测量台阶深度等。
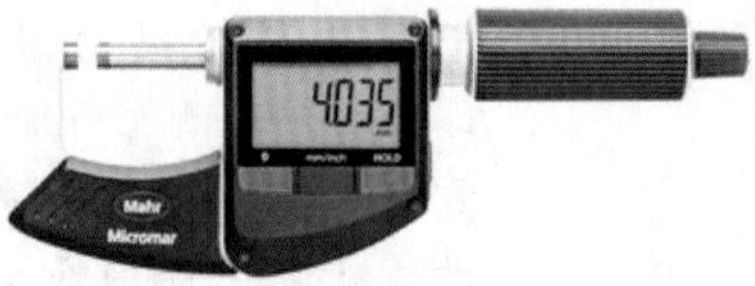	数字外径百分尺	测量范围（mm）：0~25、25~50、50~75、75~100、100~125。	主要用于测量厚度、宽度、长度、外径等。
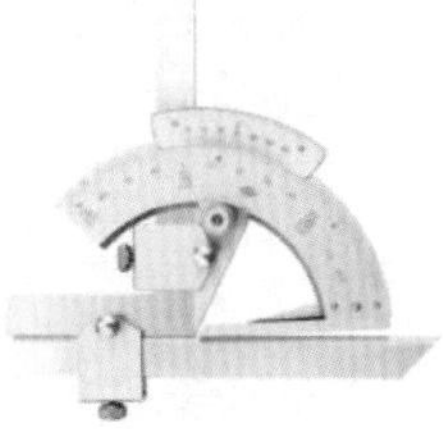 万能角度尺	万能角度尺	测量范围（°）：0~320外角、40~130内角。精度（'）:2、5、10。	游标万能角度尺有Ⅰ型Ⅱ型两种，其测量范围分别为0°~320°和0°~360°。万能角度尺适用于机械加工中的内、外角度测量。

量具的正确使用方法

名称	使用方法		注意事项
	正　确	错　误	
游标卡尺 游标卡尺		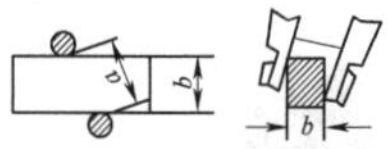	测量沟槽或内孔尺寸时,要使量爪分开的距离小于所测内尺寸,进入零件内孔后,再慢慢张开并轻轻接触零件内表面,用固定螺钉固定尺框后,轻轻取出卡尺来读数。取出量爪时,用力要均匀,并使卡尺沿着孔的中心线方向滑出,不可歪斜,避免使量爪扭伤、变形和受到不必要的磨损,同时会使尺框走动,影响测量精度。
千分尺 千分尺	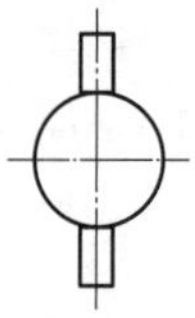	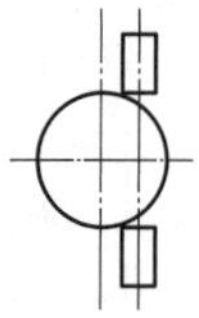	千分尺如果使用不妥,零位就要走动,使测量结果不正确,容易造成产品质量事故。所以,在使用百分尺的过程中,应当校对百分尺的零位。
百分表 用百分表检测凸形样板平行度误差	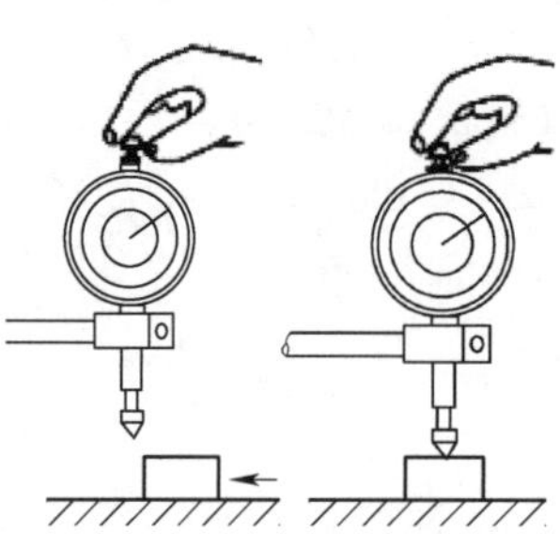	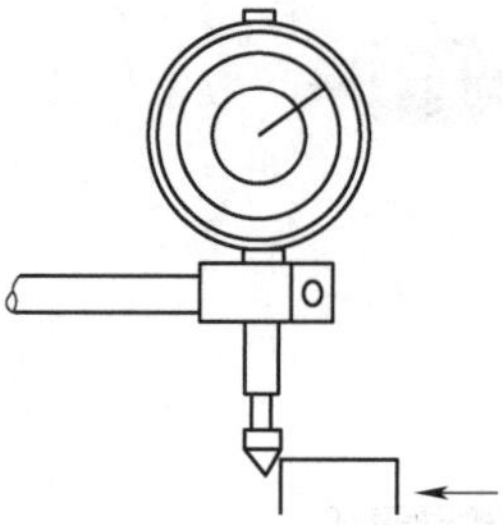	使用前,应检查测量杆活动的灵活性。即轻轻推动测量杆时,测量杆在套筒内的移动要灵活,没有任何轧卡现象,且每次放松后,指针能恢复到原来的刻度位置。

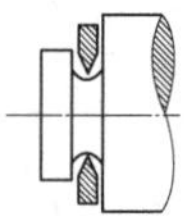

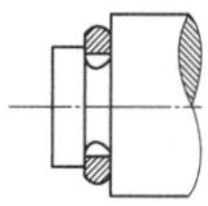

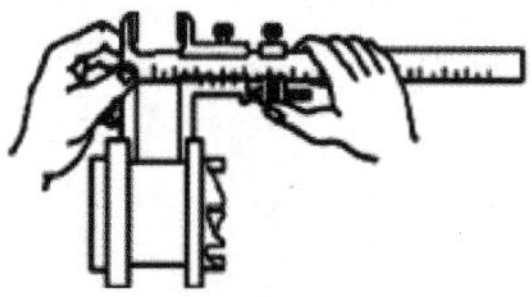

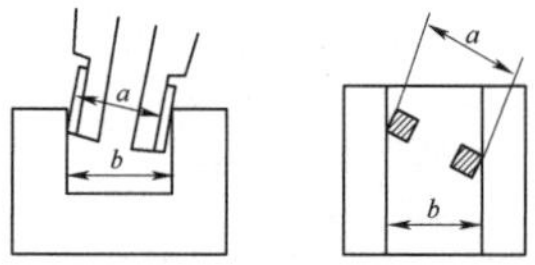

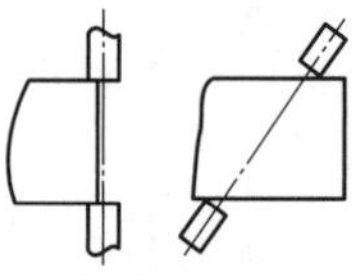

钳工技术工作手册

量具维护与保养

量具使用完成后,应及时擦净、防锈,放入专用量具盒内,对于不常用的量具,应定期清理、涂油,保存在干燥处,以免生锈。

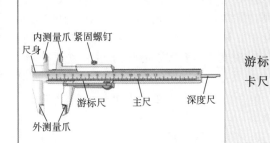 内测量爪　紧固螺钉 尺身 外测量爪　游标尺　主尺　深度尺	游标卡尺	1. 绝对禁止把游标卡尺的两个量爪当作扳手或划线工具使用。 2. 卡尺用前应进行校对(对零),看其是否能回到零位,并在复位(对零)的情况下,将卡尺对着光源,两个量爪是否有间隙。有间隙时,应送计量员确认。 3. 卡尺受到损伤后,绝对不允许用手锤、锉刀等工具自行修理,应交专门修理部门修理,经检定合格后才能使用。 4. 不可用砂布或普通磨料(金刚砂)来擦除刻度尺表面的锈迹和污物。 5. 不可在游标卡尺的刻线处打钢印或记号,否则将造成刻线不准确。必要时允许用电刻法或化学法刻蚀记号。 6. 卡尺不要放在磁场附近,以免卡尺感受磁性。 7. 卡尺用后应擦拭干净并平放,避免造成变形。 8. 不要将卡尺与其他工具堆放,或在工具箱中随意丢放,使用完毕时,应放置在专用盒内,防止弄脏生锈。一个星期不用时,应进行防锈处理。数显卡尺需防水。
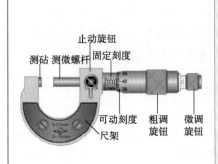 止动旋钮 测砧　测微螺杆　固定刻度 可动刻度　粗调旋钮　微调旋钮 尺架	千分尺	1. 千分尺用前应进行校对(对零),看其是否能回到零位,并在复位(对零)的情况下,将千分尺对着光源,两个量爪是否有间隙。有间隙时,应送计量员确认。 2. 千分尺受到损伤后,绝对不允许用手锤、锉刀等工具自行修理,应交专门修理部门修理,经检定合格后才能使用。 3. 不可用砂布或普通磨料(金刚砂)来擦除刻度尺表面的锈迹和污物。不可在千分尺的刻线处打钢印或记号,否则将造成刻线不准确。千分尺不要放在磁场附近,以免感受磁性。千分尺用后应擦拭干净并平放,避免造成变形。 4. 在测量时,严禁扭动微分筒,只能扭动测量装置。

钳工技术工作手册

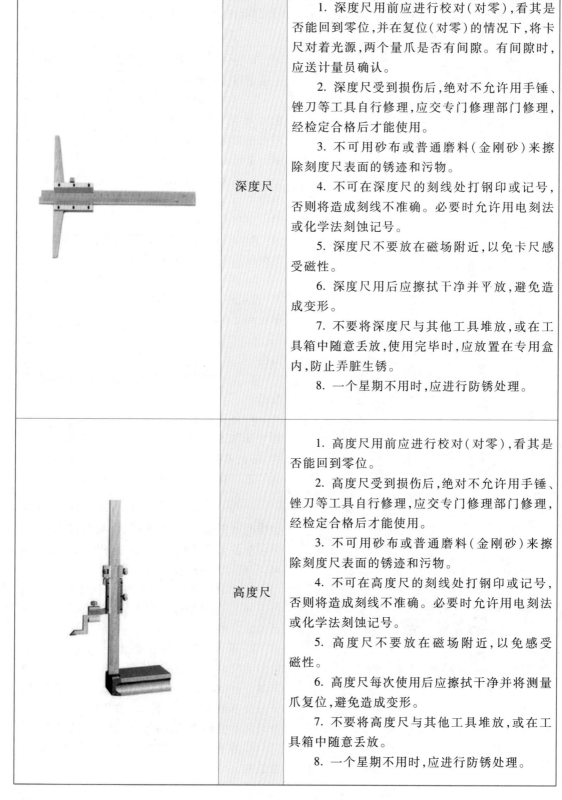

	深度尺	1. 深度尺用前应进行校对(对零),看其是否能回到零位,并在复位(对零)的情况下,将卡尺对着光源,两个量爪是否有间隙。有间隙时,应送计量员确认。 2. 深度尺受到损伤后,绝对不允许用手锤、锉刀等工具自行修理,应交专门修理部门修理,经检定合格后才能使用。 3. 不可用砂布或普通磨料(金刚砂)来擦除刻度尺表面的锈迹和污物。 4. 不可在深度尺的刻线处打钢印或记号,否则将造成刻线不准确。必要时允许用电刻法或化学法刻蚀记号。 5. 深度尺不要放在磁场附近,以免卡尺感受磁性。 6. 深度尺用后应擦拭干净并平放,避免造成变形。 7. 不要将深度尺与其他工具堆放,或在工具箱中随意丢放,使用完毕时,应放置在专用盒内,防止弄脏生锈。 8. 一个星期不用时,应进行防锈处理。
	高度尺	1. 高度尺用前应进行校对(对零),看其是否能回到零位。 2. 高度尺受到损伤后,绝对不允许用手锤、锉刀等工具自行修理,应交专门修理部门修理,经检定合格后才能使用。 3. 不可用砂布或普通磨料(金刚砂)来擦除刻度尺表面的锈迹和污物。 4. 不可在高度尺的刻线处打钢印或记号,否则将造成刻线不准确。必要时允许用电刻法或化学法刻蚀记号。 5. 高度尺不要放在磁场附近,以免感受磁性。 6. 高度尺每次使用后应擦拭干净并将测量爪复位,避免造成变形。 7. 不要将高度尺与其他工具堆放,或在工具箱中随意丢放。 8. 一个星期不用时,应进行防锈处理。

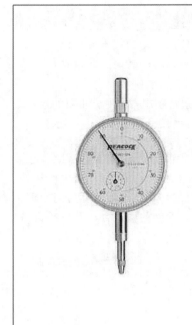 百分表	1. 百分表受到损伤后,绝对不允许用手锤、锉刀、镊子等工具自行修理,应交专门修理部门修理,经检定合格后才能使用。 　　2. 不可用砂布或普通磨料(金刚砂)来擦除表盘表面的锈迹和污物。 　　3. 不可在百分表的刻线处打钢印或记号,否则将造成刻线不准确。必要时允许用电刻法或化学法刻蚀记号。 　　4. 时刻保持百分表的测头干净。 　　5. 百分表不要放在磁场附近,以免百分表感受磁性。 　　6. 百分表用后应擦拭干净并进行平放,避免造成变形。 　　7. 不要将百分表与其他工具堆放,或在工具箱中随意丢放。 　　8. 一个星期不用时,应进行防锈处理。

钳工技术工作手册

概述

任何一台机器设备都是由许多零件组成的,将若干合格的零件按规定的技术要求组合成部件,或将若干零件和部件组合成机器设备,并经过调整、试验等成为合格产品的工艺过程称为装配。例如,一辆自行车由几十个零部件组成,前轮和后轮就是部件。

机械装配是整个机械制造过程中的最后一个阶段,因此在制造过程中占有非常重要的地位,它是保证机器达到各项技术要求的关键。装配工作的好坏,对产品的质量起着重要的作用。

装配的工艺规程

制定装配工艺规程的任务是根据产品图样、技术要求、验收标准和生产纲领、现有生产条件等原始资料,确定装配组织形式;划分装配单元和装配工序;拟定装配方法;包括计算时间定额,规定工序装配技术要求及质量检查方法和工具,确定装配过程中装配件的输送方法及所需设备和工具,提出专用夹具的设计任务书,编制装配工艺规程文件等。

装配步骤	相关知识		技术要求
装配前的准备工作	1. 研究和熟悉装配图的技术条件,了解产品的结构和零件作用,以及相互间的关系。 2. 确定装配的方法、步骤(工艺)和所需的工具。 3. 领取、清洗与检测零件。		装配现场5S
装配	零件	零件是组成机器的最小单元,它是由整块金属或其他材料制成的。	整个装配过程要按次序进行
	部件装配顺序	套装	将零件装配成套件的工艺过程称为套装。
		组装	将零件和套件装配成组件的工艺过程称为组装。
		部装	将零件、套件和组件装配成部件的工艺过程称为部装。
	总装配	将零件、套件、组件和部件装配成最终机器产品的工艺过程称为总装。	
装配工作的要求	1. 装配时,应检测零件与装配有关的形状和尺寸精度是否合格,检查有无变形、损坏等,并应注意零件上各种标记,防止错装。 2. 固定连接的零部件,不允许有间隙。活动的零件,能在正常的间隙下,灵活均匀地按规定方向运动,不应有跳动(窜动)。 3. 各运动部件(或零件)的接触表面,必须保证有足够的润滑,若有油路,必须畅通。 4. 各种管道和密封部位,装配后不得有渗漏现象。 5. 试车前,应检查各部件连接的可靠性和运动的灵活性,各操纵手柄是否灵活和手柄位置是否在合适的位置;试车前,从低速到高速逐步进行。		

典型组件装配方法

图　示	分　类	技术说明	相关知识及要求
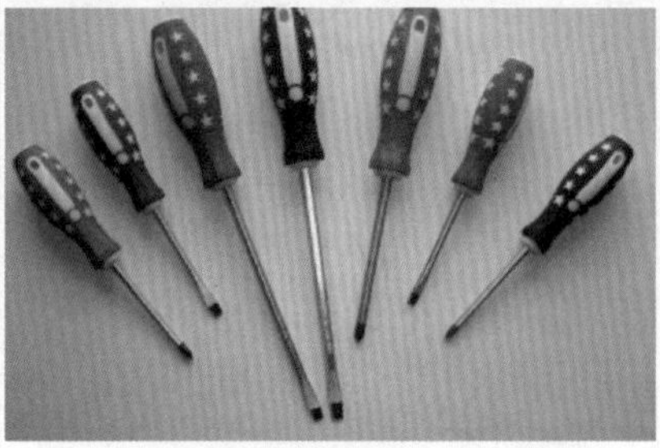 (a) 螺钉旋具 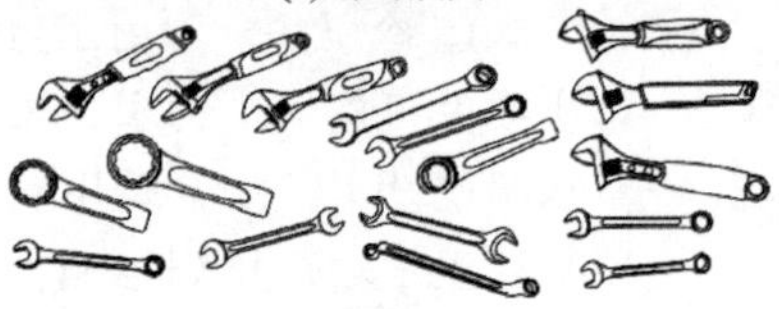 (b) 扳手 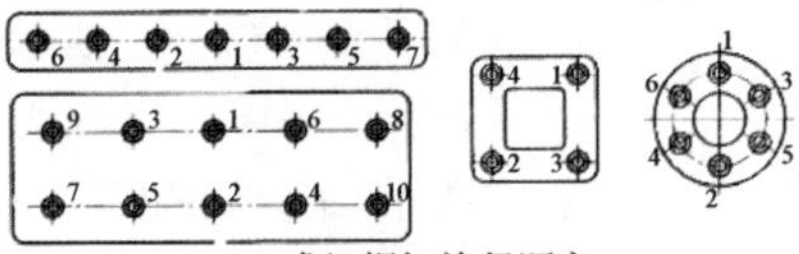 (c) 成组螺钉旋紧顺序 成组螺钉旋紧顺序	螺钉螺母的装配	螺钉、螺母的装配是用螺纹的连接装配，它在机器制造中广泛使用。具有装拆、更换方便，易于多次装拆等优点。	1. 螺钉、螺栓等紧固件连接时，必须使用型号对应的扳手，并不得对螺钉、螺栓头部进行敲击。 2. 螺钉、螺栓等紧固件连接时，请参照标准扭矩表，使用扭矩扳手扭紧，并保证达到规定的扭矩要求。 3. 螺栓需按顺时针、交错、对称、同步拧紧。如有定位销应从靠近定位销的螺钉或螺栓开始拧紧。 4. 用双螺母时，应先安装薄螺母后安装厚螺母。 5. 螺钉、螺栓和螺母拧紧后，螺钉、螺栓一般应露出 2～3 个螺距。 6. 螺钉、螺栓和螺母拧紧后，其支承面应被紧固零部件完全贴合。
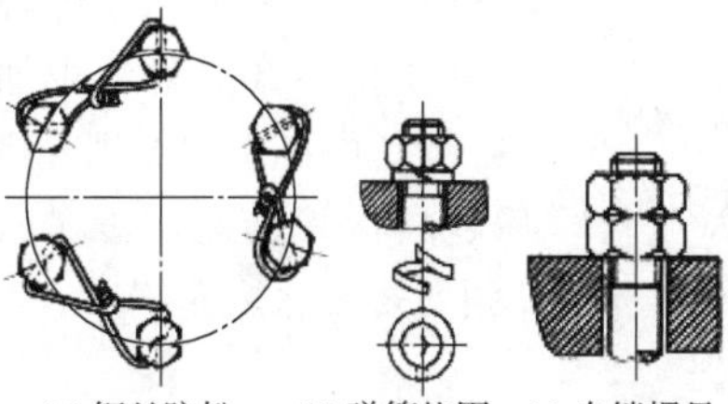 (a) 钢丝防松　(b) 弹簧垫圈防松　(c) 自锁螺母防松 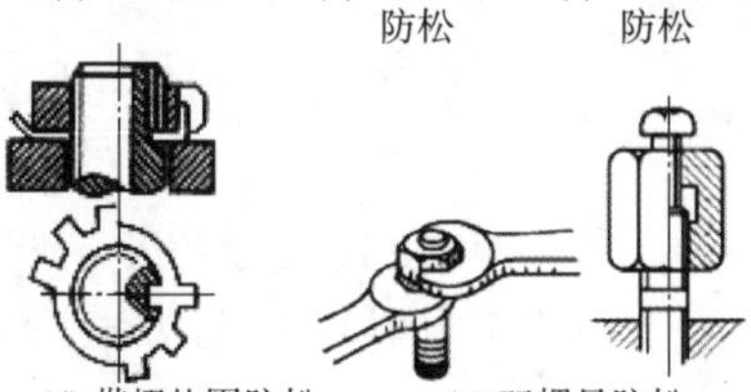 (d) 带翅垫圈防松　(e) 双螺母防松	防松装置		1. 弹簧垫圈防松紧固时，以弹簧垫圈压平为准，弹簧垫圈不能断裂或产生其他变形。 2. 开口销带螺母装配时，先将螺母按固定力矩拧紧，装上开口销，将开口销尾部开 60°～90°。 3. 止动垫圈、圆螺母的防松：装配时，先把垫圈的内翅插入螺栓槽中，然后拧紧螺母，再把垫圈的外翅弯入螺母的外缺口内。

钳工技术工作手册

钳工技术工作手册

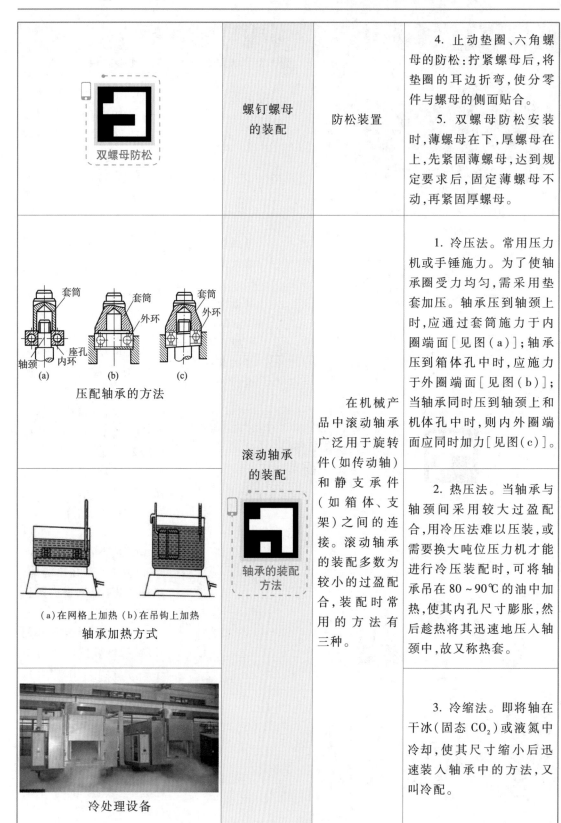

双螺母防松	螺钉螺母的装配	防松装置	4. 止动垫圈、六角螺母的防松：拧紧螺母后，将垫圈的耳边折弯，使分零件与螺母的侧面贴合。 5. 双螺母防松安装时，薄螺母在下，厚螺母在上，先紧固薄螺母，达到规定要求后，固定薄螺母不动，再紧固厚螺母。

套筒　套筒　套筒
外环　外环
轴颈　座孔
内环
(a)　(b)　(c)
压配轴承的方法

（a）在网格上加热（b）在吊钩上加热
轴承加热方式

冷处理设备

滚动轴承的装配

轴承的装配方法

在机械产品中滚动轴承广泛用于旋转件（如传动轴）和静支承件（如箱体、支架）之间的连接。滚动轴承的装配多数为较小的过盈配合，装配时常用的方法有三种。

1. 冷压法。常用压力机或手锤施力。为了使轴承圈受力均匀，需采用垫套加压。轴承压到轴颈上时，应通过套筒施力于内圈端面［见图（a）］；轴承压到箱体孔中时，应施力于外圈端面［见图（b）］；当轴承同时压到轴颈上和机体孔中时，则内外圈端面应同时加力［见图（c）］。

2. 热压法。当轴承与轴颈间采用较大过盈配合，用冷压法难以压装，或需要换大吨位压力机才能进行冷压装配时，可将轴承吊在 $80 \sim 90 ℃$ 的油中加热，使其内孔尺寸膨胀，然后趁热将其迅速地压入轴颈中，故又称热套。

3. 冷缩法。即将轴在干冰（固态 CO_2）或液氮中冷却，使其尺寸缩小后迅速装入轴承中的方法，又叫冷配。

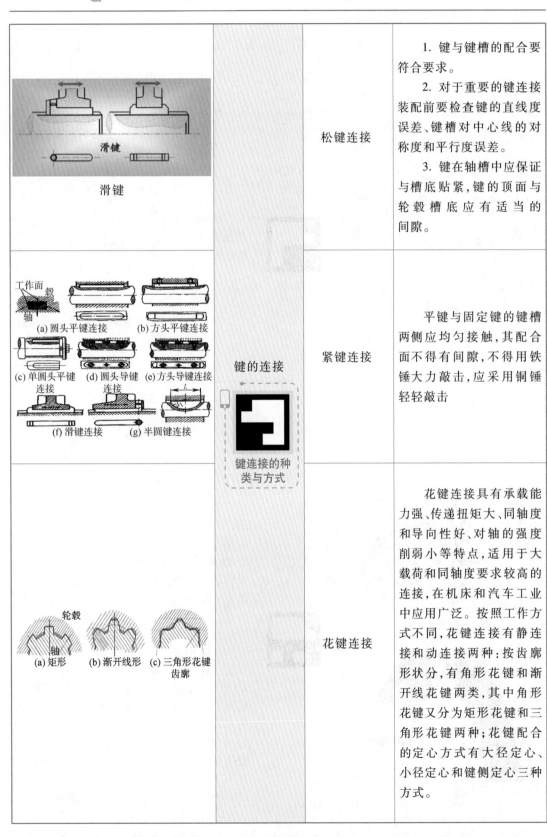

图示	键的连接	类型	说明
滑键		松键连接	1. 键与键槽的配合要符合要求。 2. 对于重要的键连接装配前要检查键的直线度误差、键槽对中心线的对称度和平行度误差。 3. 键在轴槽中应保证与槽底贴紧,键的顶面与轮毂槽底应有适当的间隙。
(a) 圆头平键连接 (b) 方头平键连接 (c) 单圆头平键连接 (d) 圆头导键连接 (e) 方头导键连接 (f) 滑键连接 (g) 半圆键连接	键连接的种类与方式	紧键连接	平键与固定键的键槽两侧应均匀接触,其配合面不得有间隙,不得用铁锤大力敲击,应采用铜锤轻轻敲击
(a) 矩形 (b) 渐开线形 (c) 三角形花键齿廓		花键连接	花键连接具有承载能力强、传递扭矩大、同轴度和导向性好、对轴的强度削弱小等特点,适用于大载荷和同轴度要求较高的连接,在机床和汽车工业中应用广泛。按照工作方式不同,花键连接有静连接和动连接两种;按齿廓形状分,有角形花键和渐开线花键两类,其中角形花键又分为矩形花键和三角形花键两种;花键配合的定心方式有大径定心、小径定心和键侧定心三种方式。

钳工技术工作手册

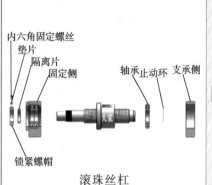 滚珠丝杠	滚珠丝杠 的装配  滚珠丝杠 内部结构	滚珠丝杠 是精密的组装 零部件

内六角固定螺丝
垫片
隔离片
固定侧
轴承止动环　支承侧
锁紧螺帽

（续表）

1. 滚珠丝杠必须保持干净，擦拭清洁，不使异物进入螺母内。

2. 不可任意敲打，并保持外观不碰伤。

3. 安装面的表面修整及清洁要彻底。

4. 合宜的公差及精确的校正，保证丝杠运行无阻力。

5. 适宜的润滑，加合适的润滑脂。

6. 不可将丝杠与螺母分离。

7. 最好在丝杠两端加装防撞器，以免运转超过行程极限而损伤滚珠丝杠。

8. 使用保护套保护滚珠丝杠，以免异物运行进入损坏丝杠。

9. 滚珠丝杠涂以锂基润滑脂润滑。

 同步带连接方式  同步带	同步带的装配 调整同步带 张紧度	同步带是以钢丝绳或玻璃纤维为强力层，外覆以聚氨酯或氯丁橡胶的环形带，带的内周制成齿状，使其与齿形带轮啮合。同步带传动时，传动比准确，对轴作用力小，结构紧凑，耐油，耐磨性好，抗老化性能好，一般使用温度 $-20 \sim +80\ ^\circ\mathrm{C}$，$v < 50$ m/s，$P < 300$ kW，

同步带是以钢丝绳或玻璃纤维为强力层，外覆以聚氨酯或氯丁橡胶的环形带，带的内周制成齿状，使其与齿形带轮啮合。同步带传动时，传动比准确，对轴作用力小，结构紧凑，耐油，耐磨性好，抗老化性能好，一般使用温度 $-20 \sim +80\ ^\circ\mathrm{C}$，$v < 50$ m/s，$P < 300$ kW，

1. 安装的过程中，如果两带轮的中心距离可以移动，那么就先缩短带轮的中心距离，在装好同步带之后恢复中心距，需要注意的是同步带安装完成后，才可以开始对张紧轮进行安装，因为只有在这个时候才能够轻松地安装它。

2. 在安装同步带时，千万不要因为它不易安装就对其使用工具，因为这样会损坏同步带，而这种损坏又很难用肉眼从外观上观察到。所以严禁将皮带强行过渡、折断、弯曲。避免强力层损伤，失去使用价值。

3. 带轮的齿必须与带的运转方向成直角，

钳工技术工作手册

同步带轮

气动元件

气缸

| | | 气缸的原理及结构简单,易于安装维护,对于使用者的要求不高 | |

i < 10,对于要求同步的传动也可用于低速传动。

4. 在安装时还需要注意初张紧力。初张紧力的强度过大或过小,都会影响同步带的安装,适宜的张紧力才是更好安装它的前提,最好的安装是同步带和同步带轮一起安装到相应轴上。

5. 在传动过程中,两带轮之间有两条轴线,轴线的平行度,在某种程度上决定了同步带的工作效率。平行度较低就会导致在工作过程中同步带容易滑落,不能正常运转。

6. 足够刚度的机架支撑也是带轮能够正常工作的一个保证。

7. 同步带安装时必须按不同的型号和宽度适当地加以张紧力。

1. 使用前注意检查元件,在运输过程中是否有损伤。

2. 工作中负载不变化,应选用输出力充裕的气缸。

3. 在高温条件下,应选用相应的耐高温气缸。在低温环境下,应采取抗冻措施,防止系统中的水分冻结。

4. 气缸配管前,必须清除管内杂质,防止杂物进入气缸内,气缸使用的介质应经过 25 μm 以上过滤器过滤后方可使用。

5. 气缸安装保证轴心平行,避免受侧向负载,以维持气缸的正常使用和寿命。

6. 气缸拆下长时间不使用,要注意表面防锈,进排气口应加防尘堵塞帽,以免灰尘进入。

气缸的装配

减速机

减速机的应用

减速机的安装

减速机安装

减速器是一种由封闭在刚性壳体内的齿轮传动、蜗杆传动、齿轮－蜗杆传动所组成的独立部件,常用作原动件与工作机之间的减速传动装置。在原动机和工作机或执行机构之间起匹配转速和传递转矩的作用。

1. 查看减速机内部润滑脂是否充分。

2. 清理减速机底部杂物,确保减速机与底座接触良好。

3. 调整减速机的安装同轴度。

4. 手动盘车,查看减速机运行是否灵活。

5. 紧固螺栓时,对角线逐步紧固。

6. 严禁锤击减速机的输出轴,在减速机的输出轴上加装联轴器、皮带轮、链轮等连接件时,不可采用直接锤击的方法。因为输出轴结构不能承受轴向锤击,可用轴端螺孔旋入螺钉压入连接件,松紧适宜。

伺服电动机结构

伺服电动机的装配

伺服电动机是指在伺服系统中控制机械元件运转的发动机,是一种补助马达间接变速的装置。可以控制速度,位置精度非常准确,可以将电压信号转化为转矩和转速以驱动控制对象。转子转速受输入信号控制,并能快速反应,在自动控制系统中作执行元件,且具有机电

1. 在安装拆卸耦合部件到伺服电动机轴端时,不要用锤子直接敲打轴端(锤子直接敲打轴端,伺服电动机轴另一端的编码器容易被敲坏)。

2. 伺服电动机输出轴与减速机输入孔的大小要相配。

3. 伺服电动机轴端同心度对齐到最佳状态(如对不好可能导致振动或轴承损坏)。安装和运转时加到伺服电动机和轴上的径向和轴向负载控制在规定值以内。安装刚性联轴器时要格外小心,过度地弯曲负载会导致轴端和轴承的损坏和磨损。安装时,伺服电动机连接法兰和减速

钳工技术工作手册

	伺服电动机的装配	时间常数小、线性度高。产生电磁干扰,对环境有要求。因此它可以用于对成本敏感的普通工业和民用场合。	机输入法兰的安装尺寸要一致。减速机输入孔径与电动机输出轴径一致,减速机的轴心和电动机的轴心保持一致并在规定值以内。
 刮油片 (双刮油片、金属刮板) 端盖　滑块　螺栓盖　导轨 油嘴　防尘片　钢珠　钢珠保持器 线轨 光轴导轨	线轨的装配  线轨安装与检测	直线导轨(TTW linear slider)可分为:滚轮直线导轨,圆柱直线导轨,滚珠直线导轨三种,用来支承和引导运动部件,按给定的方向做往复直线运动。线轨为精密零部件,所以在线轨的安装过程中要特别注意。	1. 线轨安装基面的清洁。线轨安装基面必须清洁干净,用刮刀铲除基面上的毛刺。对于线轨安装螺钉孔,一定要用磁力棒清除孔中的积屑,并用二攻丝锥重新攻丝,孔口用毛刺刮刀倒角。 2. 线轨安装基面的尺寸要求、直线度要求、平行度要求必须符合图纸要求。装配前打表检测线轨安装基面的各项精度,不符合要求的返修加工。 3. 线轨滑块一般成对出现,所以在安装的过程中,不得随意组合,注意主副导轨的区分。线轨两头用螺钉固定并凸出线轨上表面,防止滑块从线轨上脱落,导致滑块散架。 4. 安装线轨滑块后,注意检测各线轨滑块的安装精度,其直线度、平行度是否符合图纸和装配工艺要求。线轨滑块安装完毕后注意配钻各锥销孔,并用磁力棒清理锥销孔中的铁屑。 5. 按照规定的螺栓扭矩表,拧紧各螺钉。线轨安

钳工技术工作手册

			装螺钉要求从中间向两端分初拧、复拧两次完成。 　　6. 线轨滑块安装完毕后要求能够正常运行无阻力,且根据使用条件注入润滑脂或润滑油。
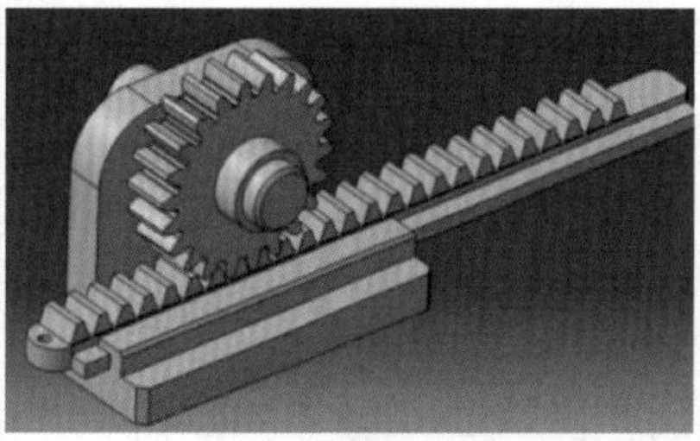 齿轮齿条传动	齿轮齿条的装配 齿轮齿条传动	齿轮齿条组件为外购精密零部件	1. 齿条安装基面的清洁。用毛刺刮刀清除基面上的毛刺,涂防锈油。用二攻丝锥重新攻各螺纹安装孔,并用磁力棒清除各螺纹孔中的铁屑,用毛刺刮刀孔口倒角。 　　2. 打表检查齿条安装基面的尺寸要求、直线度要求、平行度要求是否符合要求,不符合要求则返修加工。 　　3. 安装齿条时,注意配钻各锥销孔,并清理锥销孔中积屑。按照标准螺钉扭矩表,从中间向两边,依次分初拧、复拧拧紧各安装螺钉。 　　4. 配装齿轮齿条时,要检测齿轮与齿条的安装间隙和安装精度。安装间隙用铜丝检验,安装精度涂红丹粉检验,要求接触良好,运行无阻滞。 　　5. 根据齿轮齿条使用条件,配以润滑脂或润滑油润滑。
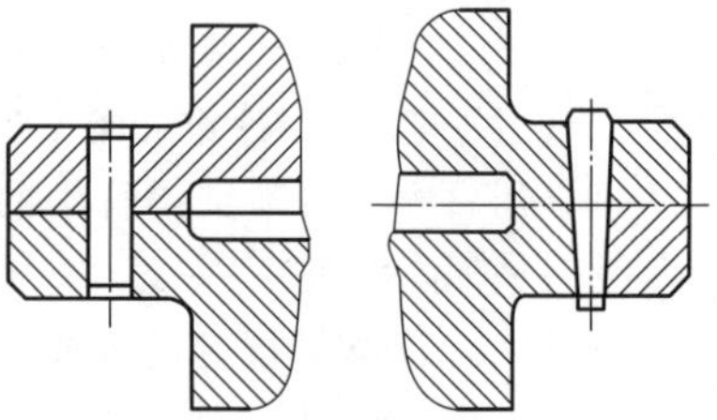 销连接的应用		销连接主要是用来传递不大的载荷或固定零件的相互位置,它是组合加工和装	1. 圆柱销的装配。圆柱销一般靠过盈固定在销孔中,用以定位和连接。圆柱销不宜多次装拆,否则会降低定位精度和连接的紧固程度。为保证配合

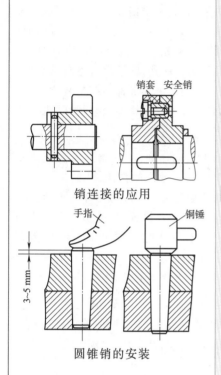

销连接的应用

圆锥销的安装

销连接的装配

销连接的装配

配时的重要连接形式。销连接结构简单、装拆方便，在机械中主要起定位、连接和安全保护作用。销的形状和尺寸都已标准化，其种类有圆柱销、圆锥销、开口销等，其中应用最多的是圆柱销和圆锥销。

精度，装配前被连接件的两孔应同时钻、铰，并使孔壁表面粗糙度值 Ra 不高于 $1.6~\mu m$，装配时应在销的表面涂机油，用铜棒轻轻敲入孔中，有些定位销不能用敲入法，可用 C 形夹头或手动压力机把销压入孔中。

2. 圆锥销的装配。圆锥销有 1:50 的锥度，定位准确，可多次拆装而不影响定位精度。圆锥销以小端直径和长度代表其规格，装配前以小端直径选择钻头被连接件的两孔，同时钻/铰时，用试装法控制孔径大小，以锥销长度的 80% 左右能自由插入为宜，装配后锥销的大端可稍微露出或与被连接件表面平齐。

3. 应当注意，无论是圆柱销还是圆锥销，往盲孔中压入时，为便于装配，销上必须钻一通气小孔或在侧面开一道微小的通气槽供放气。

钳工技术工作手册

轴承的正确装配和故障分析

滚动轴承的故障和损伤也较为常见。由于滚动轴承一般都安装在机构内部，所以不便直观检查，只能根据故障现象先作概略判断，然后再拆卸检查。

滚动轴承的正确使用是减少轴承故障、延长轴承寿命的可靠保证，其内容包括正确的安装和合理的润滑。

	故障类型	产生原因
滚动轴承常见故障	1. 轴承温度过高在机构运转时，安装轴承的部位允许有一定的温度，当用手抚摸机构外壳时，应以不感觉烫手为正常，反之则表明轴承温度过高。	轴承温度过高的原因有：润滑油质量不符合要求或变质，润滑油黏度过高；机构装配过紧（间隙不足）；轴承装配过紧；轴承座圈在轴上或壳内转动；负荷过大；轴承保持架或滚动体碎裂等。

滚动轴承 常见故障	2. 轴承噪声。滚动轴承在工作中允许有轻微的运转响声,如果响声过大或有不正常的噪声或撞击声,则表明轴承有故障。	滚动轴承产生噪声的原因比较复杂,其一是轴承内、外圈配合表面磨损。由于这种磨损,破坏了轴承与壳体、轴承与轴的配合关系,导致轴线偏离了正确的位置,轴在高速运动时产生异响。当轴承疲劳时,其表面金属剥落,也会使轴承径向间隙增大产生异响。此外,轴承润滑不足,形成干摩擦,以及轴承破碎等都会产生异常声响。轴承磨损松旷后,保持架松动损坏,也会产生异响。
滚动轴承的损伤	1. 滚道表面金属剥落	轴承滚动体和内、外圈滚道面上均承受周期性脉动载荷的作用,从而产生周期变化的接触应力。当应力循环次数达到一定数值后,在滚动体或内、外圈滚道工作面上就产生疲劳剥落。如果轴承的负荷过大,会使这种疲劳加剧。另外,轴承安装不正、轴弯曲,也会产生滚道剥落现象。
	2. 轴承烧伤	烧伤的轴承其滚道、滚动体上有回火色。烧伤的原因一般是润滑不足、润滑油质量不符合要求或变质,以及轴承装配过紧等。
	3. 塑性变形	轴承的滚道与滚子接触面上出现不均匀的凹坑,说明轴承产生塑性变形。其原因是轴承在很大的静载荷或冲击载荷作用下,工作表面的局部应力超过材料的屈服极限,这种情况一般发生在低速旋转的轴承上。
	4. 轴承座圈裂纹	轴承座圈产生裂纹的原因可能是轴承配合过紧,轴承外圈或内圈松动,轴承的包容件变形,安装轴承的表面加工不良等。 轴承座等高
	5. 保持架碎裂	其原因是润滑不足,滚动体破碎,座圈歪斜等。
	6. 保持架的金属粘附在滚动体上	可能的原因是滚动体被卡在保持架内或润滑不足。
	7. 座圈滚道严重磨损	可能是座圈内落入异物,润滑油不足或润滑油牌号不合适。

拆卸工作的要求

1. 机器拆卸工作,应按其结构的不同,预先考虑操作顺序,以免先后倒置,或贪图省事猛拆猛敲,造成零件的损伤或变形。

2. 拆卸的顺序,应与装配的顺序相反。

3. 拆卸时,使用的工具必须保证对合格零件不会发生损伤,严禁用手锤直接在零件的工作表面上敲击。

4. 拆卸时,零件的旋松方向必须辨别清楚。

5. 拆下的零部件必须有次序、有规则地放好,并按原来的结构套在一起,配合件上做记号,以免搞乱。对丝杠、长轴类零件必须将其吊起,防止变形。

装配方法

产品的装配过程不是简单地将有关零件连接起来的过程,而是每一步装配工作都应满足预定的装配要求,即应达到一定的装配精度,通过尺寸链分析可知,由于封闭环公差等于组成环公差之和,故装配精度取决于零件制造公差,但是零件制造精度过高,会导致生产成本高,为了正确处理装配精度与零件制造精度两者的关系,妥善处理生产的经济性与使用要求的矛盾,即形成了一些不同的装配方法。

分　　类		定　　义	特　　点
完全互换装配法		完全互换装配法:在同类零件中任取一个装配零件,不经修配、选择或调整装配后即可达到装配精度。	1. 装配操作简便,生产效率高。 2. 容易确定装配时间,便于组织流水装配线。 3. 零件磨损后便于更换。 4. 零件加工精度要求高,制造费用随之增加。因此适用于组成环数少、精度要求不高的场合或大批量生产采用。
选择装配法	直接选配法	常用的分组选配法是将产品各配合件按实测尺寸分成若干组,装配时按组进行互换装配以达到装配精度,这种装配方法的配合精度取决于分组数,增加分组数可以提高装配精度。	1. 经分组选配后零件的配合精度高。 2. 因零件制造公差放大,所以加工成本降低。 3. 增加了对零件的测量分组工作量。
	分组选配法		
修配装配法		修配装配法:装配时,修去指定零件上预留修配量以达到装配精度要求的装配方法称为修配装配法。	1. 通过修配得到装配精度,可降低零件的制造精度。 2. 生产效率低,对工人技术水平要求高。 3. 修配法适用单件或小批量生产以及装配精度要求高的场合。
调整装配法		调整装配法:装配时,调整某一零件的位置或尺寸,以达到装配精度要求的装配方法称为调整装配法。一般采用斜面、锥面、螺纹等移动可调整件的位置、采用调换垫片、垫圈、套筒等控制调整件的尺寸。	1. 零件可按经济精度确定加工公差,装配时可通过调整达到装配精度。 2. 使用中还可定期进行调整,以保证配合精度,便于维护和修理。 3. 生产效率低,对工人技术水平要求高,一般可用于各种装配场合。

钳工技术工作手册

尺寸公差

尺寸公差是指在零件制造过程中,由于加工或测量等因素的影响,完工后的实际尺寸总存在一定的误差。为保证零件的互换性,必须将零件的实际尺寸控制在允许变动的范围内,这个允许的尺寸变动量称为尺寸公差。

上极限偏差	最大极限尺寸减其基本尺寸所得的代数差。
下极限偏差	最小极限尺寸减其基本尺寸所得的代数差。
实际偏差	实际尺寸减其基本尺寸所得的代数差。
尺寸公差	尺寸公差是指允许尺寸的变动量,简称公差。
配合	公称尺寸相同的、相互结合的孔和轴公差带之间的关系称为配合。
间隙与过盈	过盈量是指基本尺寸相同的相互结合的孔和轴公差带之间的关系。决定结合的松紧程度。孔的尺寸减去相配合轴的尺寸所得的代数差为正时称间隙,为负时称过盈,有时也以过盈为负间隙。
间隙配合	间隙配合是指具有间隙(包括最小间隙等于零)的配合。此时,孔的公差带在轴的公差带之上,即孔的实际尺寸永远大于或等于轴的实际尺寸。 　　最大间隙:$X_{max} = ES - ei$　　最小间隙:$X_{max} = EI - es$
过盈配合	根据相互结合的孔、轴公差带不同的相对位置关系,可形成间隙配合、过盈配合和过渡配合。其中,具有过盈(包括最小过盈等于零)的配合称为过盈配合。 　　最大过盈:$Y_{max} = EI - es$　　最小过盈:$Y_{max} = ES - ei$
过渡配合	轴的最大极限尺寸大于孔的最小极限尺寸,轴的最小极限尺寸小于孔的最大极限尺寸,轴的实际尺寸可能大于也可能小于孔的实际尺寸,这样的配合称为过渡配合。 　　最大间隙:$X_{max} = ES - ei$　　　　最大过盈:$Y_{max} = EI - es$

几何公差

公差类型	特　点	代　号	有无基准
形状公差	直线度	——	无
	平面度	▱	无
	圆度	○	无
	圆柱度	⌭	无
	线轮廓度	⌒	无
	面轮廓度	⌓	无

方向公差	平行度	∥	有
	垂直度	⊥	有
	斜度	∠	有
	线轮廓度	⌒	有
	面轮廓度	⌓	有
位置公差	位置度	⊕	有或无
	同心度	◎	有
	同轴度	◎	有
	对称度	≡	有
	线轮廓度	⌒	有
	面轮廓度	⌓	有
跳动公差	圆跳动	↗	有
	全跳动	↗↗	有

钳工技术工作手册

概述

锉配又称镶嵌,是利用锉削加工的方法使两个或两个以上的零件达到一定配合精度要求的加工方法。锉配时通常先锉好配合工件中的外表面零件,然后以该零件为标准,配锉内表面零件,使之达到配合精度要求。

锉配的特点

1. 锉配是钳工综合训练项目,它能充分反映操作者的技术水平。因此,在技能比赛或技能鉴定中常以锉配为题材。

2. 锉配对加工工艺的要求非常严格,制定加工工艺的基本原则是:前一道工序不能影响后续工序的加工和测量。

3. 在进行配合时,可采用光隙法或斑点法检查凸凹件的配合情况,确定锉削部位和余量,使其逐步达到配合要求。

锉配类型

锉配可分为平面锉配、角度锉配、圆弧锉配和上述三种锉配形式组合在一起的混合式锉配。

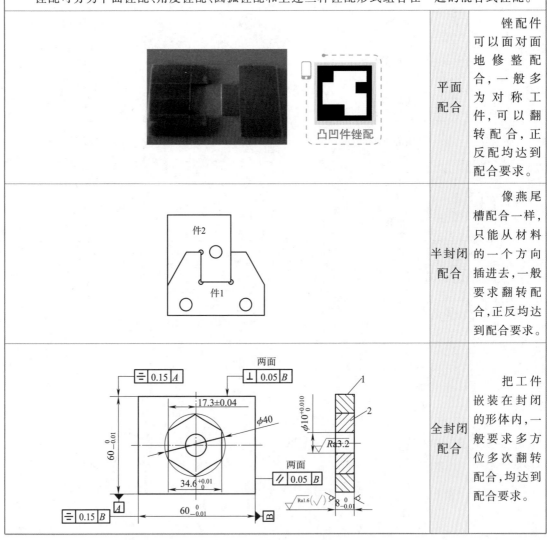

类型	说明
平面配合	锉配件可以面对面地修整配合,一般多为对称工件,可以翻转配合,正反配均达到配合要求。
半封闭配合	像燕尾槽配合一样,只能从材料的一个方向插进去,一般要求翻转配合,正反均达到配合要求。
全封闭配合	把工件嵌装在封闭的形体内,一般要求多方位多次翻转配合,均达到配合要求。

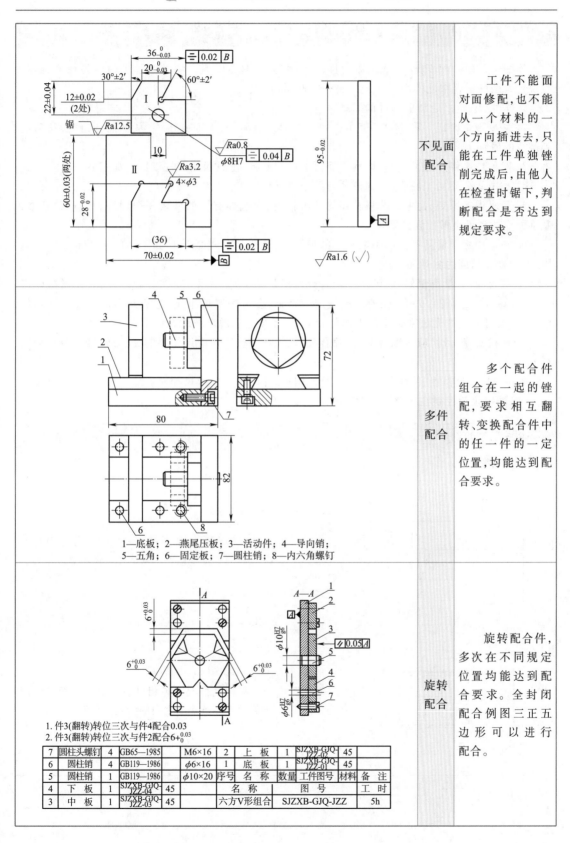

	不见面配合	工件不能面对面修配，也不能从一个材料的一个方向插进去，只能在工件单独锉削完成后，由他人在检查时锯下，判断配合是否达到规定要求。

1—底板；2—燕尾压板；3—活动件；4—导向销；
5—五角；6—固定板；7—圆柱销；8—内六角螺钉

多件配合：多个配合件组合在一起的锉配，要求相互翻转、变换配合件中的任一件的一定位置，均能达到配合要求。

1. 件3(翻转)转位三次与件4配合0.03
2. 件3(翻转)转位三次与件2配合6$+_0^{0.03}$

旋转配合：旋转配合件，多次在不同规定位置均能达到配合要求。全封闭配合例图三正五边形可以进行配合。

7	圆柱头螺钉	4	GB65—1985	M6×16	2	上　板	1	SJZXB-GJQ-JZZ-02	45	
6	圆柱销	4	GB119—1986	φ6×16	1	底　板	1	SJZXB-GJQ-JZZ-01	45	
5	圆柱销	1	GB119—1986	φ10×20	序号	名　称	数量	工件图号	材料	备注
4	下　板	1	SJZXB-GJQ-JZZ-04	45		名　称		图　号	工　时	
3	中　板	1	SJZXB-GJQ-JZZ-03	45		六方V形组合		SJZXB-GJQ-JZZ	5h	

钳工技术工作手册

99

锉配工艺

锉配工艺即锉配步骤、锉削工序的排列顺序,其合理性不但影响锉削加工的难易程度,而且也决定着两件配合精度的高低。锉配的一般性原则如下:

1. 先加工凸件、后加工凹件的原则。

2. 从易到难原则。零件加工遵循从外表面到内表面,从大面到小面,从平面到角度,从角度到圆弧的原则。

3. 对称性零件先加工一侧,以利于间接测量的原则,待该面加工好以后再加工另一面。

4. 按中间公差加工的原则,即按公差的中值进行加工。

5. 最小误差原则,为保证获得较高的锉配精度,应选择有关的外表面作划线和测量的基准,基准面应达到最小形位误差要求。

6. 在运用标准量具不便或不能测量的情况下,优先制作辅助检具和采用间接测量方法的原则,例如有关角度的测量和检验。

7. 综合兼顾、勤测慎修、逐渐达到配合要求的原则,一般主要修整包容件。注意在做精确修整前,应将各锐边倒钝,去毛刺、清洁测量面。否则,会影响测量精度,造成错误的判断。配合修锉时,一般可通过透光法来确定加工部位和余量,逐步达到规定的配合要求。

8. 在检验修整时,应该综合测量、综合分析后,最终确定出应该修整的那个加工面,否则会适得其反。

9. 锉削时,分粗锉、精锉两种方法进行锉削;粗锉时用游标卡尺控制尺寸,精锉时用千分尺控制尺寸,精锉余量控制在 0.10 ~ 0.15 mm。

相关工艺知识

对称度概念

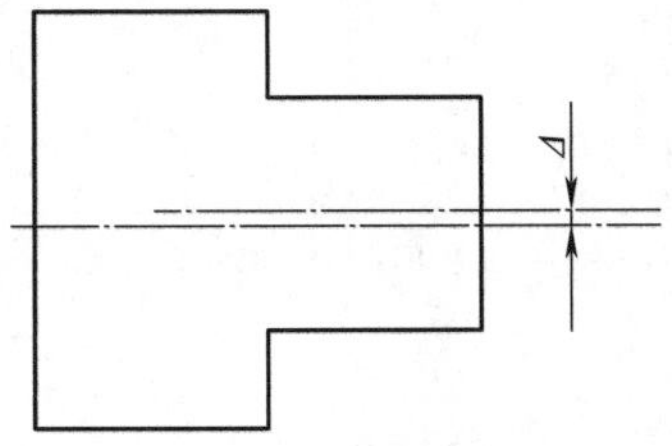	对称度误差	对称度误差是指被测表面的对称平面与基准表面的对称平面间的最大偏移距离 Δ。
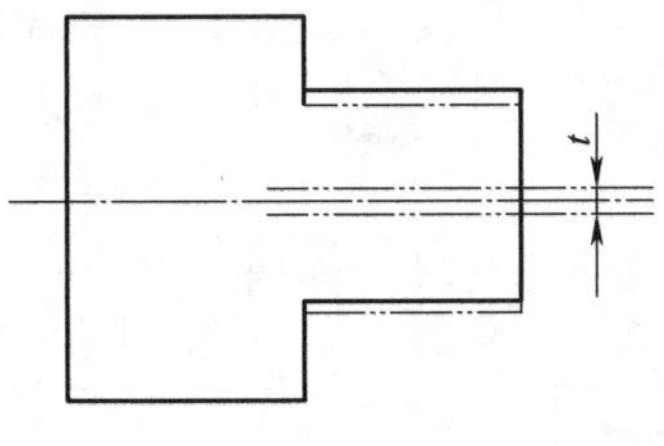	对称度公差带	对称度公差带是相对基准中心平面对称配置的两个平行平面之间的区域公差值 t。

钳工技术工作手册

100

对称度测量方法	
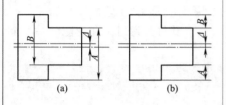 (a)　　　　(b)	被测表面与基准表面的尺寸 A 和 B，其差值的一半即为对称度误差值。 　　对称形体工件的划线。对于平面对称工件的划线，应在形成对称中心平面的两个基准面精加工后进行。划线基准与该两基准面重合，划线尺寸则按两个对称基准平面间的实际尺寸及对称形体的要求尺寸计算得出。
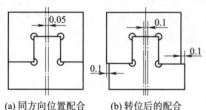 (a) 同方向位置配合　(b) 转位后的配合 对称度误差对转位的精度影响	当凹、凸件都有对称度误差为 0.05 mm，且在一个同方向位置配合达到间隙要求后，得到两侧面平齐，而转位 180° 作配合，就产生两基准面偏位误差，其总值为 0.10 mm。

角度测量方法	
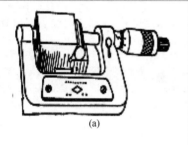 (a) 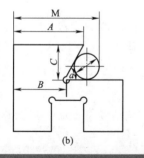 (b)	角度样板的尺寸测量。角度样板斜面锉削时的尺寸测量，一般都采用间接测量法，如图所示。其测量尺寸 M 与样板的尺寸 B、圆柱直径 d 之间有如下关系： $$M = B + \frac{d}{2} \times \cot\frac{\alpha}{2} + \frac{d}{2}$$ 式中　M——测量读数值，mm； 　　　B——样板斜面与槽底的交点至侧面的距离，mm； 　　　d——圆柱量棒的直径尺寸，mm； 　　　α——斜面的角度值。 当要求尺寸为 A 时，则可按下式进行换算。 即 $B = A - C/\tan\alpha$ 式中　A——斜面与槽口平面的交点（边角）至侧面的距离，mm； 　　　C——角度的深度尺寸，mm。

锉配操作

　　1. 接到任务时，首先应该分析图纸。通过研究分析图纸，了解零件结构以及制作要求，找出零件加工的关键部位和加工的重点、难点，再根据零件的要求确定加工路线和各部位的加工方法，编制零件加工工艺。

　　2. 根据工艺开始零件制作，总体路线应为选定基准件—加工基准件—锉削配作件—修配间隙和错位量。在零件的具体加工过程中，应遵循以上原则，同时严格按照各项操作要领和方法加工，并要勤动手、多动脑，制作出合格配作零件。

概述

　　金属材料是指具有光泽、延展性、容易导电、传热等性质的材料。一般分为黑色金属和有色金属两种。黑色金属包括铁、铬、锰等。其中钢铁是基本的结构材料，称为"工业的骨骼"。

　　热处理是指材料在固态下，通过加热、保温和冷却的手段，以获得预期组织和性能的一种金属热加工工艺。

金属材料

金属材料的损坏

	变形	零件在外力作用下形状和尺寸发生的变化称为变形，变形分为弹性变形和塑性变形，弹性变形是指在外力消除后能够恢复的变形，塑性变形是指在外力消除后无法恢复的永久变形。
	断裂	零件在外力作用下发生断裂或折断称为断裂。
	磨损	因摩擦而使零件尺寸、表面形状和表面质量发生变化的现象称为磨损。

金属材料力学性能

强度	金属材料在静载荷下抵抗塑性变形或断裂的能力称为强度，强度大小用应力表示。强度指标包括屈服强度和抗拉强度。
塑性	材料受力后在断裂之前产生的变形能力称塑性。
硬度	材料抵抗局部变形，特别是塑性变形、压痕或划痕的能力称为硬度，常用的有布氏硬度（HB）、洛氏硬度（HRA、HRB、HRC）和维氏硬度（HV）等方法。
冲击韧性	以很大速度作用于机件上的载荷称为冲击载荷，金属在冲击载荷作用下抵抗破坏的能力称为冲击韧性。
疲劳强度	疲劳强度是指材料在无限多次交变载荷作用下而不会产生破坏的最大应力，称为疲劳强度或疲劳极限。

金属材料工艺性能

铸造性能	金属材料铸造成形获得优良铸件的能力称为铸造性能，用流动性、收缩性和偏析来衡量。
锻压性能	金属材料用锻压加工方法成形的适应能力称为锻造性。锻造性主要取决于金属材料的塑性和变形抗力。塑性越好，变形抗力越小，金属的锻造性能越好。高碳钢不易锻造，高速钢更难。

金属材料工艺性能	
焊接性能	金属材料对焊接加工的适应性称为焊接性。也就是在一定的焊接工艺条件下,获得优质焊接接头的难易程度。钢材的含碳量高低是焊接性能好坏的主要因素,含碳量和合金元素含量越高,焊接性能越差。
切削加工性能	切削加工性能一般用切削后的表面质量(用表面粗糙程度高低衡量)和刀具寿命来表示。金属材料具有适当的硬度和足够的脆性时切削性良好。
热处理性能	钢的热处理工艺性能主要考虑其淬透性,即钢接受淬火的能力。含锰、铬、镍等元素的合金钢淬透性比较好,碳钢的淬透性较差。铝合金的热处理要求较严,铜合金只有几种可以熔热处理强化。

铁碳合金

在工业生产中广泛使用的是合金,这是因为生产中可以通过改变合金的化学成分来进一步提高金属材料的力学性能,并获得某些特殊物理性能和化学性能,以满足机械零件和工程结构对材料的要求。通常把以铁及铁碳为主的合金(钢铁)称为黑色金属,而把其他金属及其合金称为有色金属。

碳素钢

碳素钢简称碳钢,是最基本的铁碳合金。它是指在冶炼时没有加入合金元素,且含碳量大于0.021 8%而小于2.11%的铁碳合金。由于碳钢容易冶炼,价格便宜,具有较好的力学性能和优良的工艺性能。可满足一般机械零件、工具和日常轻工产品的使用要求。因此,碳钢在机械制造、建筑、交通运输等许多部门中得到广泛使用。我国钢材的牌号用化学元素符号、汉语拼音字母和阿拉伯数字相结合的方法来表示。

名 称	应 用	(例)牌号	组 成	含 义
普通碳素结构钢	碳素结构钢是工程中应用最多的钢种,其生产量占钢总产量70%~80%。	Q235AF	屈服强度字母-Q 屈服度数值-单位MPa 质量等级符号-A、B、C、D 脱氧方法符号-F(沸腾钢)、B(半镇静钢)、Z(镇静钢)、TZ(特殊镇静钢)	表示屈服强度为235 MPa的A级沸腾钢。
优质碳素结构钢	主要用于制造一般结构及机械结构零、部件,以及建筑结构件和输送流体用管道。根据使用要求,有时需热处理(正火或调质)后使用。	45	优质碳素结构钢的牌号用两位数字表示。	45表示平均含碳量为0.45%的优质碳素工具钢。

名　　称	应　　用	(例)牌号	组　　成	含　　义
碳素工具钢	用于制作刃具、模具和量具的碳素钢。由于大多数工具都要求高硬度和高耐磨,故碳素工具钢含碳量在 0.70% 以上,都是优质钢或高级优质钢。	T12A	T(碳素工具钢) 12(含碳量 1.2%) A(高级优质)	表示平均含碳量为 1.2% 的高级优质碳素工具钢。
铸造碳钢	铸造碳钢一般用于制造复杂形状、力学性能要求较高的机械零件。	ZG270-500	ZG(铸钢二字的汉语拼音开头字母缩写)	表示屈服强度不小于 270 MPa,抗拉强度不小于 500 MPa。

铸铁

含碳量大于 2.11% 的铁碳合金称为铸铁。铸铁中除铁和碳以外,也含有硅、锰、磷、硫等元素。

种类	特性	用途与牌号
白口铸铁	这类铸铁中的碳绝大多数以 Fe_3C 的形式存在,断口呈亮白色,其硬度高、脆性大,很难进行切削加工。	主要用作炼钢或制造可锻铸铁的原料。
灰铸铁	铸铁中的碳大部分以片状石墨形式存在,其端口呈暗灰色。	由"HT"及后面的一组数字组成,数字表示其最低抗拉强度。
球墨铸铁	铸铁中的碳绝大部分以球状石墨存在。	由"QT"和两组数字组成,其含义和可锻铸铁表示方法完全一致。
可锻铸铁	由白口铸铁经高温石墨化退火而制得,其组织中的碳呈团絮状。	由"KT"或"KTZ"及两组数字组成,"KT"是铁素体可锻铸铁的代号,"KTZ"是珠光体可锻铸铁的代号,前、后两组数字分别表示最低抗拉强度和伸长率。

合金钢

合金钢是在碳钢中加入一些合金元素的钢。钢中加入的合金元素常有 Si、Mn、Cr、Ni、W、V、Mo、Ti 等。

种类	牌号	释义	编号原则
合金结构钢	60Si2Mn	平均含碳量为 0.60%,硅含量 2%,锰含量 <1.5%。	合金结构钢的牌号用"两位数字＋元素符号＋数字"表示。前两位数字表示钢中平均含碳量的万分数;元素符号表示所含合金元素;后面数字表示合金元素平均含量的百分数,当合金元素的平均含量 <1.5% 时,只标明元素,不标明含量。
合金工具钢	9Mn2V	平均含碳量为 0.9%,锰含量 2%,钒含量小于 1.5%。	合金工具钢的牌号与合金结构钢大体相同,不同的是,合金工具钢的平均含碳量大于 1.0% 时不标出,小于 1.0% 时以千分数表示。
特殊性能钢	2Cr13	平均含碳量 0.2%、平均含铬量 13% 的不锈钢。	平均含碳量 0.2%,平均含铬量 13% 的不锈钢。
	GCr15	滚动轴承用钢,其平均含铬量为 1.5% 左右。	为了表示钢的特殊用途,有的在钢号前面加特殊字母。

常用金属材料			
名称	特性	主要特征	应用举例
45 号钢	优质碳素结构钢,是最常用的中碳调质钢。	最常用的中碳调质钢,综合力学性能良好,淬透性低,水淬时易生裂纹。小型件宜采用调质处理,大型件宜采用正火处理。	主要用于制造强度高的运动件,如透平机叶轮、压缩机活塞。轴、齿轮、齿条、蜗杆等。焊接件注意焊前预热,焊后消除应力退火。
Q235A（A3 钢）	最常用的碳素结构钢。	具有高的塑性、韧性和焊接性能、冷冲压性能,以及一定的强度、好的冷弯性能。	广泛用于一般要求的零件和焊接结构。如受力不大的拉杆、连杆、销、轴、螺钉、螺母、套圈、支架、机座、建筑结构、桥梁等。
40Cr	使用最广泛的钢种之一,属合金结构钢。	经调质处理后,具有良好的综合力学性能、低温冲击韧度及低的缺口敏感性,淬透性良好,油冷时可得到较高的疲劳强度,水冷时复杂形状的零件易产生裂纹,冷弯塑性中等,回火或调质后切削加工性好,但焊接性不好,易产生裂纹,焊前应预热到 100 ~ 150 ℃,一般在调质状态下使用,还可以进行碳氮共渗和高频表面淬火处理。	调质处理后用于制造中速、中载的零件,如机床齿轮、轴、蜗杆、花键轴、顶针套等,调质并高频表面淬火后用于制造表面高硬度、耐磨的零件,如齿轮、轴、主轴、曲轴、心轴、套筒、销子、连杆、螺钉螺母、进气阀等,经淬火及中温回火后用于制造重载、中速冲击的零件,如油泵转子、滑块、齿轮、主轴、套环等,经淬火及低温回火后用于制造重载、低冲击、耐磨的零件,如蜗杆、主轴、轴、套环等,碳氮共渗处理后制造尺寸较大、低温冲击韧度较高的传动零件,如轴、齿轮等。
HT150	灰铸铁	最小抗拉强度为 150 MPa 的灰铸铁。有良好的铸造、切削性能,耐磨性好。	齿轮箱体、机床床身、箱体、液压缸、泵体、阀体、飞轮、气缸盖、带轮、轴承盖等。
35 号钢	各种标准件、紧固件的常用材料	强度适当,塑性较好,冷塑性高,焊接性尚可。冷态下可局部镦粗和拉丝。淬透性低,正火或调质后使用。	适于制造小截面零件,可承受较大载荷的零件:如曲轴、杠杆、连杆、钩环等,各种标准件、紧固件。
65Mn	常用的弹簧钢	热处理及冷拔硬化后,强度比较高,具有一定的柔韧性和可塑性;相同表面状态和完全淬透情况下,疲劳极限与五彩合金弹簧相当,但淬透性非常差。	小尺寸各种扁、圆弹簧、座垫弹簧、弹簧发条,也可制做弹簧环、气门簧、离合器簧片、刹车弹簧、冷卷螺旋弹簧、卡簧等。
0Cr18Ni9	最常用的不锈钢	作为不锈耐热钢使用最广泛。（美国钢号 304,日本钢号 SUS304）	食品用设备,一般化工设备,工业用设备。

钳工技术工作手册

	概述
	对固态的金属或合金采用适当的方式进行加热、保温和冷却,以获得所需的结构组织和性能工艺。

	常规热处理
退火	退火是一种金属热处理工艺,指的是将金属缓慢加热到一定温度,保持足够时间,然后以适宜速度冷却。目的是降低硬度,改善切削加工性;降低残余应力,稳定尺寸,减少变形与裂纹倾向;细化晶粒,调整组织,消除组织缺陷。
正火	正火是一种改善钢材韧性的热处理。将钢构件加热到 Ac3(亚共析钢)温度以上 30～50℃后,保温一段时间出炉空冷。主要特点是冷却速度快于退火而低于淬火,正火时可在稍快的冷却中使钢材的结晶晶粒细化,不但可得到满意的强度,而且可以明显提高韧性(AKV 值),降低构件的开裂倾向。
淬火	淬火是将钢加热到临界温度 Ac3 或 Ac1(过共析钢)以上温度,保温一段时间,使之全部或部分奥氏体化,然后以大于临界冷却速度的冷速快冷到 Ms 以下(或 Ms 附近等温)进行马氏体(或贝氏体)转变的热处理工艺。
回火	回火是将经过淬火的工件重新加热到低于下临界温度 Ac1(加热时珠光体向奥氏体转变的开始温度)的适当温度,保温一段时间后在空气或水、油等介质中冷却的金属热处理工艺。或将淬火后的合金工件加热到适当温度,保温若干时间,然后缓慢或快速冷却。

	表面热处理
	在机械设备中许多零件是在冲击载荷、扭转载荷及摩擦条件下工作的,它们的表面需要有很高的硬度和耐磨性。通过对工件表层加热、冷却、改变表层组织结构,获得所需性能的金属热处理工艺称为表面热处理。
表面淬火	通过不同的热源对工件进行快速加热,当零件表层温度达到临界点以上(此时工件心部温度处于临界点以下)时迅速予以冷却,这样工件表层得到了淬硬组织而心部仍保持原来的组织。
渗碳	渗碳一般是针对钢来说的,钢的渗碳就是钢件在渗碳介质中加热保温,使碳原子渗入钢件表面,使其表面的碳浓度发生改变,从而获得具有一定表面含碳量和一定浓度梯度的热处理工艺。
渗氮	一定温度下,在一定介质中使氮原子渗入工件表层的化学热处理工艺。
碳氮共渗	向钢件表面同时渗入碳、氮的化学表面热处理工艺。以渗碳为主,渗入少量氮。因碳氮共渗工艺早期采用过氰盐或含氰气氛作为渗剂,故又称"氰化"。

职业道德基本知识

职业道德的基本内涵

职业道德是指人们在特定的职业生活中应遵循的行为规范的总和,涵盖了从业人员的服务对象、职业与职工、职业与职业之间的关系。

职业道德有广义和狭义之分。广义的职业道德是指从业人员在职业活动中应该遵循的行为准则,涵盖了从业人员与服务对象、职业与职工、职业与职业之间的关系。狭义的职业道德是指在一定职业活动中应遵循的、体现一定职业特征的、调整一定职业关系的职业行为准则和规范。不同的职业人员在特定的职业活动中形成了特殊的职业关系,包括了职业主体与职业服务对象之间的关系、职业团体之间的关系、同一职业团体内部人与人之间的关系,以及职业劳动者、职业团体与国家之间的关系。

市场经济条件下职业道德的功能

1. 调节职业交往中从业人员内部及从业人员与服务对象间的关系。职业道德的基本职能是调节职能。

2. 有助于维护和提高本行业的信誉。

3. 促进本行业的发展。责任心是最重要的,而职业道德水平高的从业人员责任心是最强的,因此职业道德能促进本行业的发展。

4. 有助于提高社会的道德水平。

职业道德对增强企业凝聚力、竞争力的作用

职业道德通过协调职工之间的关系、职工与领导之间的关系、职工与企业之间的关系,起着增强企业凝聚力的作用。职业道德可提高企业的竞争力,原因在于:

1. 职业道德有利于企业提高产品和服务质量。

2. 职业道德可以降低产品成本,提高劳动生产率和经济效益。

3. 职业道德可以促进企业技术进步。

4. 职业道德有利于企业根据良好形象,创造企业名牌。

职业道德是人生事业成功的保证

1. 没有职业道德的人干不好任何事情。

2. 职业道德是人的事业成功的重要条件。

3. 每一个成功的人往往都有较高的职业道德。

职业守则

1. 遵守法律、法规和有关规定。

2. 爱岗敬业,具有高度的责任心。

3. 严格执行工作程序、工作规范、工艺文件和安全操作规程。

4. 工作认真负责,团结合作。

5. 爱护设备及工具。

6. 着装整洁,符合规定;保持工作环境清洁有序,文明生产。

钳工技术工作手册

职业规范

职业规范就是从事该职业的人应该遵守的行业规矩与做事准则。即：任职者要胜任该项工作必须具备的资格与条件。

岗位劳动规则

岗位劳动规则是指企业依法制定的要求员工在劳动过程中必须遵守的各种行为规范。具体包括：

1. 时间规则。对作息时间、考勤办法、请假程序、交接要求等方面所做的规定。

2. 组织规则。企业单位对各个职能、业务部门以及各层组织机构的权责关系，指挥命令系统，所受监督和所施监督，保守组织机密等项内容所做的规定。

3. 岗位规则，亦称岗位劳动规范，它是对岗位的职责、劳动任务、劳动手段和工作对象的特点，操作程序，职业道德等所作提出各种具体要求。包括岗位名称、技术要求、上岗标准等项具体内容。

4. 协作规则。企业单位对各个工种、工序、岗位之间的关系，上下级之间的联系配合等方面所作的规定。

5. 行为规则。对员工的行为举止、工作用语、着装、礼貌礼节等所作的规定。这些规则的制定和贯彻执行，将有利于维护企业正常的生产、工作秩序，监督劳动者严格按照统一的规则和要求履行自己的劳动义务，按时保质保量地完成本岗位的工作任务。

定员定额标准

定员定额标准是指对企业劳动定员定额的制定、贯彻执行、统一分析，以及修订等各个环节所作的统一规定。包括：编制定员标准、各类岗位人员标准、时间定额标准、产量定额标准或双重定额标准等。

岗位培训规范

岗位培训规范是指根据岗位的性质、特点和任务要求，对本岗位员工的职业技能培训与开发所作的具体规定。

岗位员工规范

岗位员工规范是指在岗位系统分析的基础上，对某类岗位员工任职资格以及知识水平、工作经验、文化程度、专业技能、心理品质、胜任能力等方面素质要求所作的统一规定。

职业素质基本知识

职业素质是劳动者对社会职业了解与适应能力的一种综合体现。其主要表现在职业兴趣、职业能力、职业个性及职业情况等方面。影响和制约职业素质的因素很多,主要包括:受教育程度、实践经验、社会环境、工作经历以及自身的一些基本情况(如身体状况等)。

一般说来,劳动者能否顺利就业并取得成就,在很大程度上取决于本人的职业素质,职业素质越高的人,获得成功的机会就越多。

素质包括先天素质和后天素质。主要包括感觉器官、神经系统和身体其他方面的一些生理特点。

后天素质是通过环境影响和教育而获得的。因此,可以说,素质是在人的先天生理基础上,受后天的教育训练和社会环境的影响,通过自身的认识和社会实践逐步养成的比较稳定的身心发展的基本品质。

对素质的这种理解主要包括以下三方面的内容:

1. 素质首先是教化的结果。它是在先天素质的基础上,通过教育和社会环境影响逐步形成和发展起来的。

2. 素质是自身努力的结果。一个人素质的高低,是通过自己的努力学习、实践,获得一定知识并把它变成自觉行为的结果。

3. 素质是一种比较稳定的身心发展的基本品质。这种品质一旦形成,就相对比较稳定。例如,一个品质好的职业者,由于品质稳定,他总是能正确地对待职业,对待自己。

职业素质的影响因素

影响和制约职业素质的因素很多,主要包括:受教育程度、实践经验、社会环境、工作经历以及自身的一些基本情况(如身体状况等)。一般说来,劳动者能否顺利就业并取得成就,在很大程度上取决于本人的职业素质,职业素质越高的人,获得成功的机会就越多。

职业素质是人才选用的第一标准;职业素质是职场致胜、事业成功的第一法宝。

职业素质的基本特征

1. 职业素质职业性。不同的职业,职业素质是不同的。

2. 职业素质稳定性。一个人的职业素质是在长期执业时间中日积月累形成的。它一旦形成,便产生相对的稳定性。

3. 职业素质内在性。职业从业人员在长期的职业活动中,经过自己学习、认识和亲身体验,觉得怎样做是对的,怎样做是不对的。这样,有意识地内化、积淀和升华的这一心理品质,就是职业素质的内在性。

4. 职业素质整体性。一个从业人员的职业素质是和他整个素质有关的。职业素质好,不仅指他的思想政治素质、职业道德素质好,而且还包括他的科学文化素质、专业技能素质好,甚至还包括身体心理素质好。所以,职业素质一个很重要的特点就是整体性。

5. 职业素质发展性。一个人的素质是通过教育、自身社会实践和社会影响逐步形成的,它具有相对性和稳定性。但是,随着社会发展对人们不断提出的要求,人们为了更好地适应、满足、促进社会发展的需要,总是不断地提高自己的素质,所以,素质具有发展性。

职业精神的基本知识

与人们的职业活动紧密联系、具有职业特征的精神与操守。从事这种职业就该具有精神、能力和自觉。

社会主义职业精神由多种要素构成,它们相互配合,形成严谨的职业精神模式。职业精神的实践内涵体现在敬业、勤业、创业、立业四个方面。

在全面建设小康社会,不断推进中国特色社会主义伟大事业,实现中华民族复兴的征程中,从事不同职业的人们都应当大力弘扬社会主义职业精神,尽职尽责,贡献自己的聪明才智。

钳工技术工作手册

职业精神的基本特征

　　社会发展的进程表明,人类的职业生活是一个历史范畴。一般来说,所谓职业,就是人们由于社会分工和生产内部的劳动分工,而长期从事的具有专门业务和特定职责,并以此作为主要生活来源的社会活动。人们在一定的职业生活中能动地表现自己,就形成了一定的职业精神。

　　1. 它总是鲜明地表达职业根本利益,以及职业责任、职业行为上的精神要求。就是说,职业精神不是一般地反映社会精神的要求,而是着重反映一定职业的特殊利益和要求;不是在普遍的社会实践中产生的,而是在特定的职业实践基础上形成的。它鲜明地表现为某一职业特有的精神传统和从业者特定的心理和素质。

　　2. 职业精神往往世代相传。在表达形式方面,职业精神比较具体、灵活、多样。各种不同职业对于从业者的精神要求总是从本职业的活动及其交往的内容和方式出发,适应于本职业活动的客观环境和具体条件。

　　3. 职业精神与社会精神之间的关系,是特殊与一般、个性与共性的关系。任何形式的职业精神都不同程度地体现着社会精神。同样,社会精神在很大程度上又是通过具体的职业精神表现出来的。职业精神与职业生活相结合,具有较强的稳定性和连续性,形成具有导向性的职业心理和职业习惯,以致在很大程度上改善着从业者在社会中所形成的品行,影响着主体的精神风貌。

职业精神的基本要素

　　社会主义职业精神是由多种要素构成的。这些要素分别从特定方面反映着社会主义职业精神的特定本质和基础,同时又相互配合,形成严谨的职业精神模式。

　　1. 职业理想。社会主义职业精神所提倡的职业理想,主张各行各业的从业者,放眼社会利益,努力做好本职工作,全心全意为人民服务、为社会主义服务。这种职业理想,是社会主义职业精神的灵魂。

　　2. 职业态度。树立正确的职业态度是从业者做好本职工作的前提。职业态度具有经济学和伦理学的双重意义,它不仅揭示从业者在职业生活中的客观状况,参与社会生产的方式,同时也揭示他们的主观态度。

　　3. 职业责任。这包括职业团体责任和从业者个体责任两个方面。这里的关键在于,要促进从业者把客观的职业责任变成自觉履行的道德义务,这是社会主义职业精神的一个重要内容。

　　4. 职业技能。在社会主义现代化建设中,职业对职业技能的要求越来越高。不但需要科学技术专家,而且迫切需要千百万受过良好职业技术教育的中、初级技术人员、管理人员、技工和其他具有一定科学文化知识和技能的熟练从业者。

　　5. 职业纪律。社会主义职业纪律是从业者在利益、信念、目标基本一致的基础上所形成的高度自觉的新型纪律。从业者理解了这个道理,就能够把职业纪律由外在的强制力转化为内在的约束力。

　　6. 职业良心。这是从业者对职业责任的自觉意识,在人们的职业生活中有着巨大的作用,贯穿于职业行为过程的各个阶段,成为从业者重要的精神支柱。

　　7. 职业信誉。它是职业责任和职业良心的价值尺度,包括对职业行为的社会价值所做出的客观评价和正确的认识。

　　8. 职业作风。它是从业者在其职业实践中所表现的一贯态度。从总体上看,职业作风是职业精神在从业者职业生活中的习惯性表现。

钳工岗位安全环保职责

1. 工作前,应按所用工具的需要和有关规定,穿戴好防护用品,女工发辫要挽在工作帽内。

2. 检查所用工具齐备、完好、可靠才能开始工作。禁止使用有裂纹、带毛刺、手柄松动等不符合安全要求的工具。

3. 使用机械设备时,应先检查其防护装置等是否完好,并空载试车检验;确认无误后,方可进行操作。工作时必须严格遵守所用设备的安全技术操作规程。

4. 设备上的电气线路或器件以及电动工具发生的故障,应交电工修理,不得随意拆卸。不准自己动手敷设线路和安装临时电源。

5. 工作中,使用大、小锤时,严禁戴手套和面对面使用手锤。多人工作时,不得用手指示要打的地方。必须注意自身及周围人员的安全,防止因工件及铁屑飞溅或工具脱落造成伤害。

6. 高空或双层作业时,必须戴安全帽;要检查梯子、脚手架是否坚固可靠,工具必须放在工具袋中,不准放在其他地方;安全带应扎好,并要系在牢固的结构架上或专设的绳索上;不准穿硬底鞋,不准打闹,不准往下扔东西。

7. 登高作业平台不得置于带电的母线或高压线下面。平台台面上需有绝缘垫层以防触电。平台上应设立栏杆。

8. 装配的零部件,要有秩序地放在存放架上或装配的工位上,必须牢固。在地面上摆放的零部件,要整齐牢固,高度不得超过 1.5 m。

9. 使用移动的钻床或台钻床钻孔时,严禁戴手套,不准用纱布或手清除铁屑,亦不准用嘴吹。工件必须夹牢,小件要用虎钳、夹具或压铁夹紧压牢,以防工件转动或甩出伤人,机床未停止转动时,禁止装换钻头和夹具。

10. 采用压床压配零件时,零件要放在压头中心位置,底座要牢靠。压装小件时,要使用夹持工具夹持。

11. 使用加热炉、加热器或感应电炉加热零件时,要遵守有关安全操作规程。要使用专用夹具夹持零件。工作台板上,不准有油污。工作场地附近不准有易燃易爆物品,热套好的组装件,不准随地乱放,以免发生烫伤事故。

12. 使用各种手持砂轮机时,首先要检查砂轮是否有裂纹和松动现象,检查防护罩是否完好,磨工件时,要戴好防护眼镜,压力不得过大过猛,不准对着人磨,打磨作业现场不得存放易燃易爆物品。使用完后,立即关闭电、风门,要放在干燥和安全的地方,以防砸碰坏砂轮片。

13. 装配大型产品时,多人一起操作,要有专人负责安全和指挥,要密切配合,要与吊车工、挂勾工、架子工密切配合。高空作业时,要设登高平台或脚手架。停止装配时,不许有零件吊、悬于空中或放置在可能滑动的位置上。中间休息时,应将未安装就位的大型零件用垫块支稳。

14. 进行零部件动平衡工作,要遵守动平衡机安全操作规程和按工艺文件要求执行。无关人员不得接近运动中的动平衡机。静平衡时,不准抚摸工件转轴,也不要抬高工件的轴头上下工件,以免扎伤手。

15. 进行产品试车时,必须将各安全防护,保险装置安装牢固,并检查机器内是否有遗留物。严禁将安全防护保险装置有问题的产品交付试车。必须指定专人负责指挥和采取安全措施,试车现场应设围栏或标志,禁止无关人员进入,必须设试车专用电门,找电工人员接线,不得在一个电门上有两台设备同时使用。

16. 工作中,不准在吊车吊挂着的物件下面操作,必要时须设支架垫好或采取一定的安全措施,方可进行。当吊着吊件装配时,必须站在安全的位置,防止吊车或吊件移动造成挤伤事故。

17. 钳工台,一般必须紧靠墙壁,人站在下面工作,对面不准有人。如大型钳工台,对面有人工作时,钳工台必须设置安全挡网,防止铲下的飞刺伤人。

钳工岗位安全环保职责

18. 手工研磨工件内孔时,中小件要夹紧,大件要安放平稳,以免在操作中滑脱或翻倒。用力不要过猛,防止研磨棒脱出工件而跌伤。不准将手插入孔内推研。

19. 手工研磨工件时,两人或两人以上一起操作,要互相配合,协调一致,要有专人负责安全和指挥,注意勿使工具落地伤人。

20. 拆下包装机器的木板,要整齐堆放在一起,应把朝天钉拔掉或打倒,防止钉子刺伤脚。

21. 安装机器时,池型基础内严禁站人,防止脱勾、断绳或机器坠落伤人。使用水平仪校正加垫时,不准将手伸入机器或重物下面工作。

22. 用千斤顶顶工件时,下面必须加平垫木。受力点要选择适当,柱端不准加垫,要稳起稳落,以免发生事故。

23. 使用手持电动工具时,要检查其导线单项是否用三芯,三项是否用四芯线;电动工具必须检查其接零保护是否完好,必要时应使用触电保安器。要注意保护好导线,防止轧坏、割破等。用完后,要立即切断电源,放到固定位置,不准乱放。

24. 凡组装高大产品和检修高大设备时,距吊车横梁和吊车司机操作室较近,人在上面作业有碍吊车运行时,必须设醒目的安全警标、派专人监护、同时通知吊车司机停止运行,待作业完毕后,再通知吊车司机运行。

25. 工作完毕后,必须将设备和工具的电、气、水、油源断开。必须清理好工作场地卫生,将工具和零件整齐地摆放在指定位置。

装配钳工常用工具使用规程

1. 用台虎钳夹持工件时,只许使用钳口最大行程的 2/3,不得用管子套在手柄上或用锤击打手柄。使用转座的台虎钳时,必须将紧固螺丝紧固牢靠。

2. 使用手锤和大锤时,应检查锤头是否松动、是否有裂纹、锤头顶是否有卷边或毛刺。如有缺陷,必须修好再用。两人击打锤时,动作要协调,以免击伤对方。手上、手锤柄上、锤头上有油污时,必须擦干净后,方可使用。

3. 使用扁、尖铲和冲子等工具时,不准对着人操作。顶端如有卷边时,要及时修磨,操作时,要集中精神,把视线集中在工件上,不得四周观望或与他人闲谈,分散精力。

4. 使用锉刀、刮刀时,必须用装有金属箍的木柄,无木柄的不得使用。推锉要平,压力与速度要适当,回拖要轻。刮削方向,禁止站人,防止刀出伤人。

5. 使用的扳手与螺帽要紧密配合,严禁在扳口上加垫或扳把上加套管。紧螺帽时,不可用力过猛,特别在高空作业时,更要注意。使用活扳手时,应将死面作为着力点,活面作为辅助面,否则,容易损坏扳手或伤人。扳手不准当手锤用。

6. 使用手锯时,工件必须夹紧。锯割工件时,锯要靠近钳口,方向要正确,压力和速度要适宜。工件将要割断时,压力要轻,以防压断锯条或工件落下伤人。安装锯条时,松紧要适当,方向要正确,不准歪斜。

7. 使用板牙、丝锥和铰刀时,攻、套丝和铰孔时,要对正、对直,用力要适当,以防折断。不准用嘴吹孔内的铁屑,以防伤眼。不要用手擦拭工件的表面,以防铁屑和飞刺伤手。

8. 使用梯子时,梯子顶端应有安全勾子,梯脚应有防滑装置,梯子距离电线(低压)至少保持 2.5 m。放梯子的角度以 60°为宜,人登梯子时,下面必须有人扶梯,禁止两人同登一梯。人字梯的高度,不得超过 2.5 m,中间必须设可靠的拉索牵住。

9. 使用的行灯(手把灯),电压不准超过 40 V,容器内不准超过 12 V,同时要有可靠的接地保护。

安全文明生产的基本要求

1. 钳工实训车间的规划、布置、装修应做到：安全、实用、整洁、美观，凡各类设备仪器、工量器具均应按规定建账、建卡入册。凡购运、调拨、报废均应办理手续，做到账、物相符，月度清点、学期盘库、学年审核。钳台要放在便于工作和光线适宜的地方；钻床和砂轮机一般应安装在场地的边角，以保证安全。

2. 实训室的实训设备、仪器、工量器具，未经允许不得随意乱动或拿出车间外；凡车间内各种电路、线路未经允许不得乱拉乱接，凡消防设备不得随意搬运，改作他用，杜绝各类人身设备事故。

3. 使用的机床、工具（如钻床、砂轮机、手电钻等）要经常检查，如发现损坏应及时上报，在未修复前不得使用。

4. 使用电动工具时，要有绝缘防护和安全接地措施。使用砂轮时，要戴好防护眼镜。

5. 在钳台上进行錾削时，要有防护网。清除切屑要用刷子，不能直接用手清除或用嘴吹。

6. 毛坯和加工零件应放置在规定位置，排列整齐平稳。要保证安全，便于取放，并避免碰伤已加工表面。

7. 在钳台工作时，为取用方便，右手取用的工具应放在台虎钳的右边，左手取用的工具放在台虎钳的左边。排列要整齐，且不能使其伸到钳台边以外。

8. 量具不能与工具或工件混放在一起，应放在量具盒内或专用板架上。

9. 工量具要整齐地放入工具箱内，不应任意堆放，以免损坏和取用不便。

钳工实训室安全管理规程

1. 实训室是实训教学场所，除当堂指导教师和学生外，任何人未经老师允许，不得入内。

2. 指导教师要牢固树立安全第一的观念，熟悉并掌握人员、设备、设施的安全知识，做好学生的安全教育工作。

3. 经实训安全教育的学生方可进入实训场地。实习指导教师应以身作则，严格遵守各项规章制度。

4. 实训学生要做好工具、量具的日常维护、保养和管理，保持工量具的良好技术状态。

5. 实训学生要加强电气设备的检修和保养。严禁使用有故障的电动设备。

6. 实习室严禁喧哗和嬉戏打闹。

7. 工量具及加工作品等实训室内物品未经允许不得带离实训室。

8. 实训室内禁止明火、禁止吸烟。

9. 实训室内禁止进食。

10. 未经教师允许，学生不得私自调换工位。

11. 实训操作时，要互相照应，避免发生意外。

12. 学生进入实训室，要穿工作服，戴护目镜，不准穿拖鞋或凉鞋；女学生要戴工作帽。

13. 学生不得擅自拆修机械和电器设备，严格执行用电安全制度。

14. 实训室实施教学全程 5S 管理制度，指导教师巡回指导、监督，加强安全操作指导及 5S 规范管理，防止安全事故的发生。

15. 实训学生要做到文明实习，下课前做好室内的卫生打扫工作。

16. 下课把好五关：关门、关窗、关水、关灯、断电，作好安全防范。

钳工技术安全守则

1. 实习人员进入实习场地，必须穿好工作服，戴好工作帽。

钳工技术安全守则

2. 在钳台工作时,为取用的方便,右手取用的工具放在台虎钳的右边,左手取用的工具放在台虎钳的左边。排列要整齐,且不能使其伸到钳台边以外。严禁挥舞工具或工具向人。量具不能与工具或工件混放在一起,应放在量具盒内或专用板架上。工作结束后,工量具的收藏要整齐地放入工具箱内,不准任意堆放、混放,以免损坏和取用不便。

3. 划针不用时,严禁插在衣袋中,应套上塑料套,以防伤人。高度游标卡尺不能直接用于铸、锻件坯料的划线。

4. 錾削工作时,不准对人和人行通道;打锤时注意周围不准有人,不许戴手套;要经常检查锤头是否松动,如有应及时修复。

5. 锯割工作时,锯条的安装要保证锯齿朝前,松紧度要适当,不能过松或过紧;中途停止使用时,手锯应从工件中取出以防止碰断锯条。

6. 锉削工作时,新锉刀应先使用一面,用钝后再使用另一面;锉刀上不能沾油和沾水;不准使用无手柄锉刀或手柄开裂的锉刀;不能用手擦摸锉削表面,不能用嘴吹锉屑,应用毛刷清除。

7. 操作钻床时严禁戴手套,袖口必须扎紧;女学员必须戴工作帽,长发要盘在帽内;开机前,应检查是否有钻夹头钥匙或斜铁插在钻轴上,并将相应手柄锁紧;工件必须夹紧,孔将钻透时,要尽量减小进给力。

8. 钻孔时不准用手和抹布或用嘴吹来清除切屑,必须用毛刷清除;钻出长条切屑时,要用钩子钩断后清除。

9. 使用砂轮时,要戴好防护眼镜;启动后,应先空转,待砂轮转速平稳后才能进行磨削;禁止在砂轮上磨削有色金属和非金属材料。

生产技术管理

工时定额

工时定额是指一个(一组)熟练工人制造一件产品(或完成一项工作)所需要的工时消耗量。

产品质量

产品质量是指工业企业在计划期内生产的符合质量要求的工业产品的实物量。

制品定额法

在保证生产环节预定的在制品和半成品定额水平的基础上,按反工艺顺序连锁地计算出各车间投入和产出量的方法。

技术定额法

根据有关技术资料加以分析计算,并充分考虑到生产经验和可能采取的技术组织措施后确定的定额方法。

基本生产过程

基本生产过程是指直接对劳动对象进行加工,把劳动对象变成产品的过程。

日常生产管理工作

日常生产管理工作主要是做好作业计划工作和生产调度工作。

合理组织生产过程的要求

合理组织生产过程的目的是使产品在生产过程中消耗时间少,进度快,生产周期短,保证人力和物力充分合理利用,取得尽可能大的经济效益,多快好省地完成计划任务。为了达到这一目的,企业生产活动的组织必须做到生产过程的连续性、比例性和节奏性。

5S 管理
5S 起源于日本,是指在生产现场中对人员、机器、材料、方法等生产要素进行有效的管理,这是日本企业独特的一种管理办法。1955 年,日本关于 5S 的宣传口号为"安全始于整理,终于整理整顿"。当时只推行了前两个 S,其目的仅为了确保作业空间的充足和安全。到了 1986 年,日本关于 5S 的著作逐渐问世,从而对整个现场管理模式起到了冲击的作用,并由此掀起了 5S 的热潮。
整理(SEII)
将工作场所的任何物品区分为有必要和没有必要的,除了有必要的留下来,其他的都消除掉。 　　目的:腾出空间,空间活用,防止误用,塑造清爽的工作场所。
整顿(SEION)
把留下来的必要物品依规定位置摆放,并放置整齐加以标识。 　　目的:工作场所一目了然,减少寻找物品的时间,消除过多的积压物品。
清扫(SEIO)
将工作场所内看得见与看不见的地方清扫干净,保持工作场所干净、亮丽的环境。 　　目的:稳定品质,减少工业伤害。
清洁(SEIETSU)
将整理、整顿、清扫进行到底,并且制度化,经常保持环境外在美观的状态。 　　目的:创造明朗现场,维持上面 3S 成果。
素养(SHISUKE)
每位成员养成良好的习惯,并遵守规则做事,培养积极主动的精神(又称习惯性)。 　　目的:培养有好习惯、遵守规则的员工,营造团队精神。

钳工技术工作手册

普通螺纹（GB/T 193—2003、GB/T 196—2003）（单位：mm）

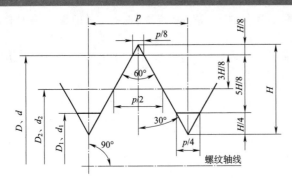

D—内螺纹大径；

d—外螺纹大径；

D_2—内螺纹中径；

d_2—外螺纹中径；

D_1—内螺纹小径；

d_1—外螺纹小径；

P—螺距

标记示例：M10-6g（粗牙普通外螺纹、公称直径 d = M10、右旋、中径及大径公差带均为 6 g、中等旋合长度）

M10×1LH-6H（细牙普通内螺纹、公称直径 D = M10、螺距 P = 1 mm、左旋、中径及小径公差带均为 6H、中等旋合长度）

公称直径(D、d)			螺距(P)		粗牙螺纹小径
第 1 系列	第 2 系列	第 3 系列	粗　牙	细　牙	(D_1、d_1)
4	—	—	0.7	0.5	3.242
5	—	—	0.8		4.134
6	—	—	1	0.75	4.917
—	—	7			5.917
8	—	—	1.25	1、0.75	6.647
10	—	—	1.5	1.25、1、0.75	8.376
12	—	—	1.75	1.25、1	10.106
—	14	—	2	1.5、1.25、1	11.835
—	—	15		1.5、1	*13.376
16	—	—	2		13.835
—	18	—			15.294
20	—	—	2.5		17.294
—	22	—		2、1.5、1	19.294
24	—	—	3		20.752
—	—	25	—		*22.835
—	27	—	3		23.752
30	—	—	3.5	(3)、2、1.5、1	26.211
—	33	—		(3)、2、1.5	29.211
—	—	35	—	1.5	*33.376
36	—	—	4	3、2、1.5	31.670
—	39	—			34.670

注：1. 优先选用第 1 系列，其次是第 2 系列，最后选择第 3 系列直径。

2. 尽可能地避免选用括号内的螺距。

3. M14×1.25 仅用于火花塞；M35×1.5 仅用于滚动轴承锁紧螺母。

4. 带 * 号的为细牙参数，是对应于第一种细牙螺距的小径尺寸。

管螺纹(单位:mm)

55°密封管螺纹(摘自 GB/T 7306.1—2000)	55°非密封管螺纹(摘自 GB/T 7307—2001)
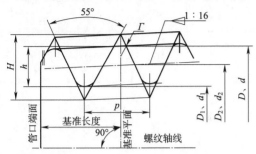	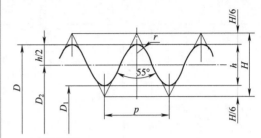

标记示例:

R1/2(尺寸代号 1/2,右旋圆锥外螺纹)

Rc1/2-LH(尺寸代号 1/2,左旋圆锥内螺纹)

Rp1/2(尺寸代号 1/2,右旋圆柱内螺纹)

标记示例:

G1/2-LH(尺寸代号 1/2,左旋内螺纹)

G1/2A(尺寸代号 1/2,A 级右旋外螺纹)

G1/2B-LH(尺寸代号 1/2,B 级左旋外螺纹)

尺寸代号	基面上的直径(GB/T 7306) 基本直径(GB/T 7307)			螺距 (P)/mm	牙高 (h)/mm	圆弧半径 (R)/mm	每25.4 mm内的牙数 (n)	有效螺纹长度(GB/T 7306)/mm	基准的基本长度(GB/T 7306)
	大径 $(d=D)$/mm	中径 $(d_2=D_2)$/mm	小径 $(d_1=D_1)$/mm						
1/16	7.723	7.142	6.561	0.907	0.581	0.125	28	6.5	4.0
1/8	9.728	9.147	8.566					6.5	4.0
1/4	13.157	12.301	11.445	1.337	0.856	0.184	19	9.7	6.0
3/8	16.662	15.806	14.950					10.1	6.4
1/2	20.955	19.793	18.631	1.814	1.162	0.249	14	13.2	8.2
3/4	26.441	25.279	24.117					14.5	9.5
1	33.249	31.770	30.291	2.309	1.479	0.317	11	16.8	10.4
1¼	41.910	40.431	28.952					19.1	12.7
1½	47.803	46.324	44.845					19.1	12.7
2	59.614	58.135	56.656					23.4	15.9
2½	75.184	73.705	72.226					26.7	17.5
3	87.884	86.405	84.926					29.8	20.6
4	113.030	111.551	110.072					35.8	25.4
5	138.430	136.951	135.472					40.1	28.6
6	163.830	162.351	160.872					40.1	28.6

钳工技术工作手册

推荐螺纹公差带							
螺纹种类	精度	外螺纹			内螺纹		
		S	N	L	S	N	L
普通螺纹 （GB/T 197—2018）	精密	(3h4h)	(4g) ＊4h	(5g4g) (5h4h)	4H	5H	6H
	中等	(5g6g) (5h6h)	＊6g，＊6e 6h，＊6f	(7e6e) (7g6g) (7h6h)	＊5H (5G)	＊6H ＊6G	＊7H (7G)
	粗糙	—	8g,(8h)	—	—	7H,(7G)	—
梯形螺纹 （GB/T 5796.4—2005）	中等	—	7e	8e	—	7H	8H
	粗糙	—	8c	9c	—	8H	9H

注:1. 大量生产的精制紧固件螺纹,推荐采用带方框的公差带。

2. 带 ＊ 的公差带优先选用,括号内的公差带尽可能不用。

3. 两种精度选用原则:精密——用于精密螺纹;中等——用于一般用途螺纹;粗糙——对精度要求不高时采用。

六角头螺栓（单位:mm）

六角头螺栓　C 级（摘自 GB/T 5780—2016）

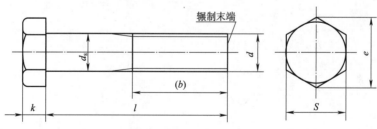

标记示例:

　　螺栓 GB/T 5780　M20×100　（螺纹规格 d = M20、公称长度 l = 100 mm、性能等级为 4.8 级、不经表面处理、杆身半螺纹、产品等级为 C 级的六角头螺栓）

六角头螺栓　全螺纹　**C**级　（摘自 GB/T 5781—2016）

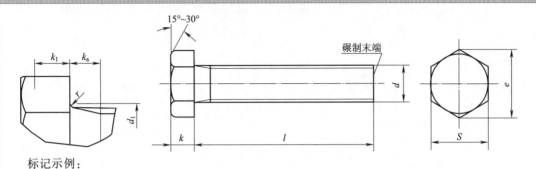

标记示例：

螺栓 GB/T 5781　M12×80　（螺纹规格 d = M12、公称长度 l = 80 mm、性能等级为 4.8 级、不经表面处理、全螺纹、产品等级为 C 级的六角头螺栓）

优选的螺纹规格

螺纹规格(d)		M5	M6	M8	M10	M12	M16	M20	M24	M30	M36	M42	M48
$b_{参考}$	$l_{公称} \leqslant 125$	16	18	22	26	30	38	40	54	66	—	—	—
	$125 < l_{公称} \leqslant 200$	22	24	28	32	36	44	52	60	72	84	96	108
	$l_{公称} > 200$	35	37	41	45	49	57	65	73	85	97	109	121
$k_{公称}$		3.5	4.0	5.3	6.4	7.5	10	12.5	15	18.7	22.5	26	30
s_{max}		8	10	13	16	18	24	30	36	46	55	65	75
e_{min}		8.63	10.89	14.2	17.59	19.85	26.17	32.95	39.55	50.85	60.79	71.3	82.6
d_{smax}	GB/T 5780—2016	5.48	6.48	8.58	10.58	12.7	16.7	20.84	24.84	30.84	37.0	43.0	49.0
	GB/T 5781—2016	6	7.2	10.2	12.2	14.7	18.7	24.4	28.4	35.4	42.4	48.6	56.6
$l_{范围}$	GB/T 5780—2016	25~50	30~60	40~80	45~100	55~120	65~160	80~200	100~240	120~300	140~300	180~420	200~480
	GB/T 5781—2016	10~50	12~60	16~80	20~100	25~120	30~160	40~200	50~240	60~300	70~360	80~420	100~480
$l_{公称}$		10,12,16,18,20~70(5 进位)、70~160(10 进位)、180~500(20 进位)											

注：1. 括号内的规格尽可能不用。末端按 GB/T 2—2016 规定。

　　2. 螺纹公差：8 g(GB/T 5780—2016)；6 g(GB/T 5781—2016)；机械性能等级：4.6 级、4.8 级；产品等级：C。

双头螺柱(摘自 GB/T 897~900)(单位:mm)

$b_m = 1d$(GB/T 897—1988)　$b_m = 1.25d$(GB/T 898—1988)　$b_m = 1.5d$(GB/T 899—1988)

$b_m = 2d$(GB/T 900—1988)

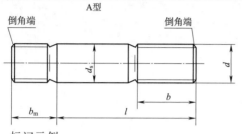

A型

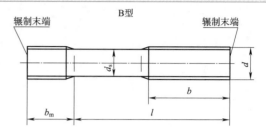

B型

标记示例:

螺柱 GB/T 900 M10×50(两端均为粗牙普通螺纹、d = M10、l = 50 mm、性能等级为 4.8 级、不经表面处理、B 型、$b_m = 2d$ 的双头螺柱)

螺柱 GB/T 900 AM10 – 10×1×50(旋入机体一端为粗牙普通螺纹、旋螺母端为螺距 $P = 1$ 的细牙普通螺纹、d = M10、l = 50 mm、性能等级为 4.8 级、不经表面处理、A 型、$b_m = 2d$ 的双头螺柱)

螺纹规格	b_m(旋入机体端长度)				l(螺柱长度)				
(d)	GB/T 897	GB/T 898	GB/T 899	GB/T 900	b(旋螺母端长度)				
M4	—	—	6	8	$\dfrac{16\sim22}{8}$	$\dfrac{25\sim40}{14}$			
M5	5	6	8	10	$\dfrac{16\sim22}{10}$	$\dfrac{25\sim50}{16}$			
M6	6	8	10	12	$\dfrac{20\sim22}{10}$	$\dfrac{25\sim30}{14}$	$\dfrac{32\sim75}{18}$		
8	8	10	12	16	$\dfrac{20\sim22}{12}$	$\dfrac{25\sim30}{16}$	$\dfrac{32\sim90}{22}$		
M10	10	12	15	20	$\dfrac{25\sim28}{14}$	$\dfrac{30\sim38}{16}$	$\dfrac{40\sim120}{26}$	$\dfrac{130}{32}$	
M12	12	15	18	24	$\dfrac{25\sim30}{14}$	$\dfrac{32\sim40}{16}$	$\dfrac{45\sim120}{26}$	$\dfrac{130\sim180}{32}$	
M16	16	20	24	32	$\dfrac{30\sim38}{16}$	$\dfrac{40\sim55}{20}$	$\dfrac{60\sim120}{30}$	$\dfrac{130\sim200}{36}$	
M20	20	25	30	40	$\dfrac{35\sim40}{20}$	$\dfrac{45\sim65}{30}$	$\dfrac{70\sim120}{38}$	$\dfrac{130\sim200}{44}$	
(M24)	24	30	36	48	$\dfrac{45\sim50}{25}$	$\dfrac{55\sim75}{35}$	$\dfrac{80\sim120}{46}$	$\dfrac{130\sim200}{52}$	
(M30)	30	38	45	60	$\dfrac{60\sim65}{40}$	$\dfrac{70\sim90}{50}$	$\dfrac{95\sim120}{6}$	$\dfrac{130\sim200}{72}$	$\dfrac{210\sim250}{85}$
M36	36	45	54	72	$\dfrac{65\sim75}{45}$	$\dfrac{80\sim110}{60}$	$\dfrac{120}{78}$	$\dfrac{130\sim200}{84}$	$\dfrac{210\sim300}{97}$
M42	42	52	63	84	$\dfrac{70\sim80}{50}$	$\dfrac{85\sim110}{70}$	$\dfrac{12}{90}$	$\dfrac{130\sim200}{96}$	$\dfrac{210\sim300}{109}$
M48	48	60	72	96	$\dfrac{80\sim90}{60}$	$\dfrac{95\sim110}{80}$	$\dfrac{120}{102}$	$\dfrac{130\sim200}{108}$	$\dfrac{210\sim300}{121}$
$l_{公称}$	12(14)、16、(18)、20、(22)、25、(28)、30、(32)、35、(38)、40、(45)、50、55、60、(65)、70、75、80、(85)、90、(95)、100~260(10 进位)、280、300								

注:1. 尽可能不采用括号内的规格。末端按 GB/T 2—2001 规定。

2. $b_m = 1d$,一般用于钢对钢;$b_m = (1.25\sim1.5)d$,一般用于钢对铸铁;$b_m = 2d$,一般用于钢对铝合金。

螺钉（摘自 GB/T 65—2016、67—2016、68—2016）（单位:mm）

开槽圆柱头螺钉（GB/T 65—2016）	开槽盘头螺钉（GB/T 67—2016）	开槽沉头螺钉（GB/T 68—2016）
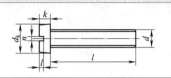	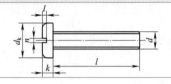	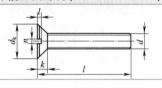

标记示例:

螺钉　GB/T 65 M5×20　（螺纹规格 $d=$ M5、$l=50$、性能等级为 4.8 级、不经表面处理的开槽圆柱头螺钉）

螺纹规格 d		M1.6	M2	M2.5	M3	（M3.5）	M4	M5	M6	M8	M10
$n_{公称}$		0.4	0.5	0.6	0.8	1	1.2	1.2	1.6	2	2.5
GB/T 65	$d_{k\,max}$	3	3.8	4.5	5.5	6	7	8.5	10	13	16
	k_{max}	1.1	1.4	1.8	2	2.4	2.6	3.3	3.9	5	6
	t_{min}	0.45	0.6	0.7	0.85	1	1.1	1.3	1.6	2	2.4
	$l_{范围}$	2~16	3~20	3~25	4~30	5~35	5~40	6~50	8~60	10~80	12~80
GB/T 67	$d_{k\,max}$	3.2	4	5	5.6	7	8	9.5	12	16	20
	k_{max}	1	1.3	1.5	1.8	2.1	2.4	3	3.6	4.8	6
	t_{min}	0.35	0.5	0.6	0.7	0.8	1	1.2	1.4	1.9	2.4
	$l_{范围}$	2~16	2.5~20	3~25	4~30	5~35	5~40	6~50	8~60	10~80	12~80
GB/T 68	$d_{k\,max}$	3	3.8	4.7	5.5	7.3	8.4	9.3	11.3	15.8	18.3
	k_{max}	1	1.2	1.5	1.65	2.35	2.7	2.7	3.3	4.65	5
	t_{min}	0.32	0.4	0.5	0.6	0.9	1	1.1	1.2	1.8	2
	$l_{范围}$	2.5~16	3~20	4~25	5~30	6~35	6~40	8~50	8~60	10~80	12~80
$l_{系列}$		2.5、3、4、5、6、8、10、12、（14）、16、20、25、30、35、40、45、50、（55）、60、（65）、70、（75）、80									

注:1. 尽可能不采用括号内的规格。2. 商品规格 M1.6~M10。

六角螺母　C 级（摘自 GB/T 41—2016）（单位:mm）

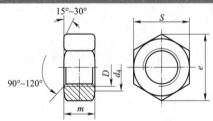

标记示例:螺母　GB/T 41 M12（螺纹规格 $D=$ M12、性能等级为 5 级、不经表面处理、产品等级为 C 级的六角螺母）

优选的螺纹规格

螺纹规格 （D）	M5	M6	M8	M10	M12	M16	M20	M24	M30	M36	M42	M48	M56	M64
s_{max}	8	10	13	16	18	24	30	36	46	55	65	75	85	95
e_{min}	8.63	10.89	14.2	17.59	19.85	26.17	32.95	39.55	50.85	60.79	71.30	82.60	93.56	104.8
m_{max}	5.6	6.4	7.9	9.5	12.2	15.9	19	22.3	26.4	31.9	34.9	38.9	45.9	52.4
d_w	6.7	8.7	11.5	14.5	16.5	22.0	27.7	33.2	42.8	51.1	60.0	69.5	78.7	88.2

钳工技术工作手册

垫圈（单位:mm）

平垫圈 A 级（摘自 GB/T 97.1—2002）	平垫圈 C 级（摘自 GB/T 95—2002）
平垫圈倒角型 A 级（摘自 GB/T 97.2—2002）	标准型弹簧垫圈（摘自 GB/T 93—1987）

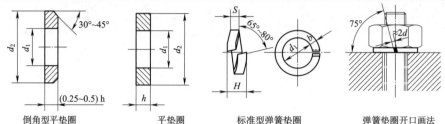

倒角型平垫圈　　　　平垫圈　　　　标准型弹簧垫圈　　　弹簧垫圈开口画法

标记示例:
　　垫圈 GB/T 95 8 （标准系列、规定 8 mm、性能等级为 100 HV 级、不经表面处理,产品等级为 C 级的平垫圈）
　　垫圈 GB/T 93 10 （规格 10 mm、材料为 65 Mn、表面氧化的标准型弹簧垫圈）

公称尺寸 d（螺纹规格）		4	5	6	8	10	12	14	16	20	24	30	36	42	48
GB/T 97.1（A 级）	d_1	4.3	5.3	6.4	8.4	10.5	13.0	15	17	21	25	31	37	—	—
	d_2	9	10	12	16	20	24	28	30	37	44	56	66	—	—
	h	0.8	1	1.6	1.6	2	2.5	2.5	3	3	4	4	5	—	—
GB/T 97.2（A 级）	d_1	—	5.3	6.4	8.4	10.5	13	15	17	21	25	31	37		
	d_2	—	10	12	16	20	24	28	30	37	44	56	66		
	h	—	1	1.6	1.6	2	2.5	2.5	3	3	4	4	5		
GB/T 95（C 级）	d_1	—	5.5	6.6	9	11	13.5	15.5	17.5	22	26	33	39	45	52
	d_2	—	10	12	16	20	24	28	30	37	44	56	66	78	92
	h	—	1	1.6	1.6	2	2.5	2.5	3	3	4	4	5	8	8
GB/93	d_1	4.1	5.1	6.1	8.1	10.2	12.2	—	16.2	20.2	24.5	30.5	36.5	42.5	48.5
	$S=b$	1.1	1.3	1.6	2.1	2.6	3.1	—	4.1	5	6	7.5	9	10.5	12
	H	2.8	3.3	4	5.3	6.5	7.8	—	10.3	12.5	15	18.6	22.5	26.3	30

注:1. A 级适用于精装配系列,C 级适用于中等装配系列。
　　2. C 级垫圈没有 $Ra3.2$ 和去毛刺的要求。

圆柱销　不淬硬钢和奥氏体不锈钢（摘自 GB/T 119.1—2000）（单位:mm）

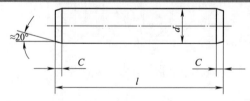

标记示例:
　　销 GB/T 119.1 10 m6 ×90（公称直径 d = 10 mm、公差为 m6、公称长度 l = 90 mm、材料为钢、不经表面处理的圆柱销）
　　销 GB/T 119.1 10 m6 ×90 – A1（公称直径 d = 10 mm、公差为 m6、公称长度 l = 90 mm、材料为 A1 组奥式体不锈钢、表面简单处理的圆柱销）

$d_{公称}$	2	2.5	3	4	5	6	8	10	12	16	20	25
$c \approx$	0.35	0.4	0.5	0.63	0.8	1.2	1.6	2.0	2.5	3.0	3.5	4.0
$l_{范围}$	6 ~ 20	6 ~ 24	8 ~ 30	8 ~ 40	10 ~ 50	12 ~ 60	14 ~ 80	18 ~ 95	22 ~ 140	26 ~ 180	35 ~ 200	50 ~ 200
$l_{公称}$	2、3、4、5、6 ~ 32（2 进位）、35 ~ 100（5 进位）、120 ~ 200（20 进位）（公称长度大于 200,按 20 递增）											

圆锥销（摘自 GB/T 117—2000）（单位:mm）

| A 型（磨削）：锥面表面粗糙度 $Ra = 0.8\ \mu m$ | B 型（切削或冷镦）：锥面表面粗糙度 $Ra = 3.2\ \mu m$ |

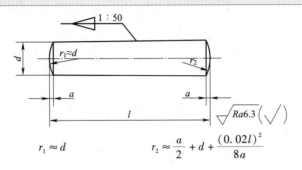

$$r_1 \approx d \qquad\qquad r_2 \approx \frac{a}{2} + d + \frac{(0.02l)^2}{8a}$$

标记示例：

销 GB/T 117 6×30（公称直径 $d = 6$ mm、公称长度 $l = 30$ mm、材料为 35 钢、热处理硬度 28 ~ 38 HRC、表面氧化处理的 A 型圆锥销）

$d_{公称}$	2	2.5	3	4	5	6	8	10	12	16	20	25
$a \approx$	0.25	0.3	0.4	0.5	0.63	0.8	1.0	1.2	1.6	2.0	2.5	3.0
$l_{范围}$	10 ~ 35	10 ~ 35	12 ~ 45	14 ~ 55	18 ~ 60	22 ~ 90	22 ~ 120	26 ~ 160	32 ~ 180	40 ~ 200	45 ~ 200	50 ~ 200
$L_{公称}$	2、3、4、5、6 ~ 32（2 进位）、35 ~ 100（5 进位）、120 ~ 200（20 进位）（公称长度大于 200，按 20 递增）											

紧固件 沉头用螺钉（摘自 GB 152.2—2014、GB/T 152.5—2014）（单位:mm）

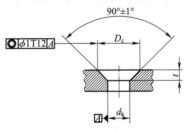

螺纹规格	M1.6	M2	M2.5	M3	M3.5	M4	M5	—	M6	M8	M10
公称规格	1.6	2	2.5	3	3.5	4	5	5.5	6	8	10
D_{emax}	3.7	4.5	5.6	6.5	8.4	9.6	10.65	11.75	12.85	17.55	20.3
$t \approx$	0.95	1.05	1.35	1.55	2.25	2.55	2.58	2.88	3.13	4.28	4.65
d_{h}^{a}	1.8	2.4	2.9	3.4	3.9	4.5	5.5	6.0	6.6	9.0	11.0

[a] 按 GB/T 5277 中等装配系列的规定,公差带为 H13。

[h] GB/T 5277 中无此尺寸。

适用于沉头木螺钉及半沉头木螺钉用的沉孔尺寸（单位:mm）											
螺纹规格	1.6	2	2.5	3	3.5	4	4.5	5	5.5	6	7	8	10
D_{emin}	3.7	4.5	5.4	6.6	7.7	8.6	10.1	11.2	12.1	13.2	15.3	17.3	21.9
$t \approx$	1.0	1.2	1.4	1.7	2.0	2.2	2.7	3.0	3.2	3.5	4.0	4.5	5.8
d_{h}^{a}	1.8	2.4	2.9	3.4	3.9	4.5	5.0	5.5	6.0	6.6	7.6	9.0	11.0

[a] 公差带为 H13。

钳工技术工作手册

滚动轴承（单位：mm）

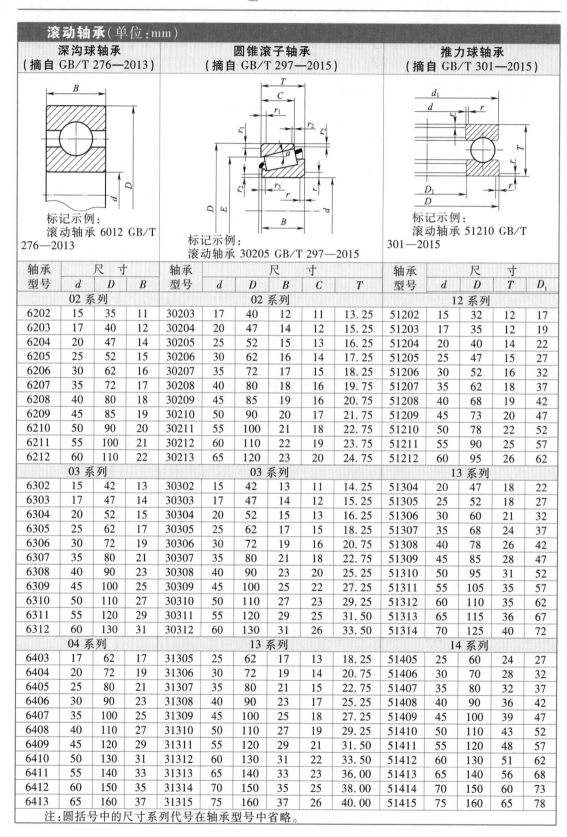

深沟球轴承（摘自 GB/T 276—2013）	圆锥滚子轴承（摘自 GB/T 297—2015）	推力球轴承（摘自 GB/T 301—2015）
标记示例：滚动轴承 6012 GB/T 276—2013	标记示例：滚动轴承 30205 GB/T 297—2015	标记示例：滚动轴承 51210 GB/T 301—2015

深沟球轴承

轴承型号	尺寸 d	D	B
02 系列			
6202	15	35	11
6203	17	40	12
6204	20	47	14
6205	25	52	15
6206	30	62	16
6207	35	72	17
6208	40	80	18
6209	45	85	19
6210	50	90	20
6211	55	100	21
6212	60	110	22
03 系列			
6302	15	42	13
6303	17	47	14
6304	20	52	15
6305	25	62	17
6306	30	72	19
6307	35	80	21
6308	40	90	23
6309	45	100	25
6310	50	110	27
6311	55	120	29
6312	60	130	31
04 系列			
6403	17	62	17
6404	20	72	19
6405	25	80	21
6406	30	90	23
6407	35	100	25
6408	40	110	27
6409	45	120	29
6410	50	130	31
6411	55	140	33
6412	60	150	35
6413	65	160	37

圆锥滚子轴承

轴承型号	尺寸 d	D	B	C	T
02 系列					
30203	17	40	12	11	13.25
30204	20	47	14	12	15.25
30205	25	52	15	13	16.25
30206	30	62	16	14	17.25
30207	35	72	17	15	18.25
30208	40	80	18	16	19.75
30209	45	85	19	16	20.75
30210	50	90	20	17	21.75
30211	55	100	21	18	22.75
30212	60	110	22	19	23.75
30213	65	120	23	20	24.75
03 系列					
30302	15	42	13	11	14.25
30303	17	47	14	12	15.25
30304	20	52	15	13	16.25
30305	25	62	17	15	18.25
30306	30	72	19	16	20.75
30307	35	80	21	18	22.75
30308	40	90	23	20	25.25
30309	45	100	25	22	27.25
30310	50	110	27	23	29.25
30311	55	120	29	25	31.50
30312	60	130	31	26	33.50
13 系列					
31305	25	62	17	13	18.25
31306	30	72	19	14	20.75
31307	35	80	21	15	22.75
31308	40	90	23	17	25.25
31309	45	100	25	18	27.25
31310	50	110	27	19	29.25
31311	55	120	29	21	31.50
31312	60	130	31	22	33.50
31313	65	140	33	23	36.00
31314	70	150	35	25	38.00
31315	75	160	37	26	40.00

推力球轴承

轴承型号	尺寸 d	D	T	D_1
12 系列				
51202	15	32	12	17
51203	17	35	12	19
51204	20	40	14	22
51205	25	47	15	27
51206	30	52	16	32
51207	35	62	18	37
51208	40	68	19	42
51209	45	73	20	47
51210	50	78	22	52
51211	55	90	25	57
51212	60	95	26	62
13 系列				
51304	20	47	18	22
51305	25	52	18	27
51306	30	60	21	32
51307	35	68	24	37
51308	40	78	26	42
51309	45	85	28	47
51310	50	95	31	52
51311	55	105	35	57
51312	60	110	35	62
51313	65	115	36	67
51314	70	125	40	72
14 系列				
51405	25	60	24	27
51406	30	70	28	32
51407	35	80	32	37
51408	40	90	36	42
51409	45	100	39	47
51410	50	110	43	52
51411	55	120	48	57
51412	60	130	51	62
51413	65	140	56	68
51414	70	150	60	73
51415	75	160	65	78

注：圆括号中的尺寸系列代号在轴承型号中省略。

钳工技术工作手册

平键及键槽(摘自 GB/T 1095—2003、GB/T 1096—2003)(单位:mm)

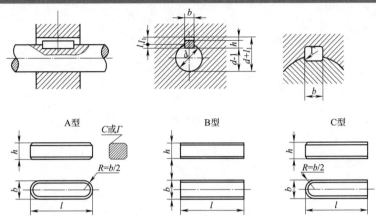

A型　　　　　　　B型　　　　　　　C型　　　　　$R=b/2$　　C或Γ

标记示例:

键 16×100 GB/T 1096　　（圆头普通平键、$b=16\ mm$、$h=10\ mm$、$L=100\ mm$）

键 B16×100 GB/T 1096　（平头普通平键、$b=16\ mm$、$h=10\ mm$、$L=100\ mm$）

键 C16×100 GB/T 1096　（单圆头普通平键、$b=16\ mm$、$h=10\ mm$、$L=10\ mm$）

轴 公称直径(d)	键 公称尺寸($b\times h$)	长度(L)	键槽 公称尺寸(b)	较松键联接 轴 H9	较松键联接 毂 D10	一般键联接 轴 N9	一般键联接 毂 JS9	较紧键联接 轴和毂 P9	深度 轴(t) 公称	深度 轴(t) 偏差	深度 毂(t_1) 公称	深度 毂(t_1) 偏差	半径(r) 最大	半径(r) 最小
>10~12	4×4	8~45	4	+0.030 / 0	+0.078 / +0.030	0 / -0.030	±0.015	-0.012 / -0.042	2.5	+0.1 / 0	1.8	+0.1 / 0	0.08	0.16
>12~17	5×5	10~56	5	+0.030 / 0	+0.078 / +0.030	0 / -0.030	±0.015	-0.012 / -0.042	3.0	+0.1 / 0	2.3	+0.1 / 0	0.16	0.25
>17~22	6×6	14~70	6	+0.030 / 0	+0.078 / +0.030	0 / -0.030	±0.015	-0.012 / -0.042	3.5	+0.1 / 0	2.8	+0.1 / 0	0.16	0.25
>22~30	8×7	18~90	8	+0.036 / 0	+0.098 / +0.040	0 / -0.036	±0.018	-0.015 / -0.051	4.0	+0.2 / 0	3.3	+0.2 / 0	0.25	0.40
>30~38	10×8	22~110	10	+0.036 / 0	+0.098 / +0.040	0 / -0.036	±0.018	-0.015 / -0.051	5.0	+0.2 / 0	3.3	+0.2 / 0	0.25	0.40
>38~44	12×8	28~140	12	+0.043 / 0	+0.120 / +0.050	0 / -0.043	±0.022	-0.018 / -0.061	5.0	+0.2 / 0	3.3	+0.2 / 0	0.25	0.40
>44~50	14×9	36~160	14	+0.043 / 0	+0.120 / +0.050	0 / -0.043	±0.022	-0.018 / -0.061	5.5	+0.2 / 0	3.8	+0.2 / 0	0.25	0.40
>50~58	16×10	45~180	16	+0.043 / 0	+0.120 / +0.050	0 / -0.043	±0.022	-0.018 / -0.061	6.0	+0.2 / 0	4.3	+0.2 / 0	0.25	0.40
>58~65	18×11	50~200	18	+0.043 / 0	+0.120 / +0.050	0 / -0.043	±0.022	-0.018 / -0.061	7.0	+0.2 / 0	4.4	+0.2 / 0	0.25	0.40
>65~75	20×12	56~220	20	+0.043 / 0	+0.120 / +0.050	0 / -0.043	±0.022	-0.018 / -0.061	7.5	+0.2 / 0	4.9	+0.2 / 0	0.25	0.40
>75~85	22×14	63~250	22	+0.052 / 0	+0.149 / +0.065	0 / -0.052	±0.026	-0.022 / -0.074	9.0	+0.2 / 0	5.4	+0.2 / 0	0.40	0.60
>85~95	25×14	70~280	25	+0.052 / 0	+0.149 / +0.065	0 / -0.052	±0.026	-0.022 / -0.074	9.0	+0.2 / 0	5.4	+0.2 / 0	0.40	0.60
>95~110	28×16	80~320	28	+0.052 / 0	+0.149 / +0.065	0 / -0.052	±0.026	-0.022 / -0.074	10	+0.2 / 0	6.4	+0.2 / 0	0.40	0.60

L系列：6~22(2进位)、25、28、32、36、40、45、50、56、63、70、80、90、100、110、125、140、160、180、200、220、250、280、320、360、400、450、500

注:1. ($d-t$)和($d+t_1$)两组合尺寸的极限偏差按相应的 t 和 t_1 的极限偏差选取,但($d-t$)极限偏差应取负号(-)。

2. 键 b 的极限偏差为 h9,键 h 的极限偏差为 h11,键长 L 的极限偏差为 h14。

钳工技术工作手册

标准公差数值（摘自 GB/T 1800.1—2020）（单位：mm）

基本尺寸/mm 大于	至	IT1	IT2	IT3	IT4	IT5	IT6	IT7	IT8	IT9	IT10	IT11	IT12	IT13	IT14	IT15	IT16	IT17	IT18
		标准公差值（μm）											标准公差值（mm）						
—	3	0.8	1.2	2	3	4	6	10	14	25	40	60	0.1	0.14	0.25	0.4	0.6	1	1.4
3	6	1	1.5	2.5	4	5	8	12	18	30	48	75	0.12	0.18	0.3	0.45	0.75	1.2	1.8
6	10	1	1.5	2.5	4	6	9	15	22	36	58	90	0.15	0.22	0.36	0.58	0.9	1.5	2.2
10	18	1.2	2	3	5	8	11	18	27	43	70	110	0.18	0.27	0.43	0.7	1.1	1.8	2.7
18	30	1.5	2.5	4	6	9	13	21	33	52	84	130	0.21	0.33	0.52	0.84	1.3	2.1	3.3
30	50	1.5	2.5	4	7	11	16	25	39	62	100	160	0.25	0.39	0.62	1	1.6	2.5	3.9
50	80	2	3	5	8	13	19	30	46	74	120	190	0.3	0.46	0.74	1.2	1.9	3	4.6
80	120	2.5	4	6	10	15	22	35	54	87	140	220	0.35	0.54	0.87	1.4	2.2	3.5	5.4
120	180	3.5	5	8	12	18	25	40	63	100	160	250	0.4	0.63	1	1.6	2.5	4	6.3
180	250	4.5	7	10	14	20	29	46	72	115	185	290	0.46	0.72	1.15	1.85	2.6	4.6	7.2
250	315	6	8	12	16	23	32	52	81	130	210	320	0.52	0.81	1.3	2.1	3.2	5.2	8.1
315	400	7	9	13	18	25	36	57	89	140	230	360	0.57	0.89	1.4	2.3	3.6	5.7	8.9
400	500	8	10	15	20	27	40	63	97	155	250	400	0.63	0.97	1.55	2.5	4	6.3	9.7
500	630	9	11	16	22	32	44	70	110	175	280	440	0.7	1.1	1.75	2.8	4.4	7	11
630	800	10	13	18	25	36	50	80	125	200	320	500	0.8	1.25	2	3.2	5	8	12.5
800	1 000	11	15	21	28	40	56	90	140	230	360	560	0.9	1.4	2.3	3.6	5.6	9	14
1 000	1 250	13	18	24	33	47	66	105	165	260	420	660	1.05	1.65	2.6	4.2	6.6	10.5	16.5
1 250	1 600	15	21	29	39	55	78	125	195	310	500	780	1.25	1.95	3.1	5	7.8	12.5	19.5
1 600	2 000	18	25	35	46	65	92	150	230	370	600	920	1.5	2.3	3.7	6	9.2	15	23
2 000	2 500	22	30	41	55	78	110	175	280	440	700	1 100	1.75	2.8	4.4	7	11	17.5	28
2 500	3 150	26	36	50	68	96	135	210	330	540	860	1 350	2.1	3.3	5.4	8.6	13.5	21	33

轴的基本偏差数值（摘自 GB/T 1800.1—2020）（单位：μm）

基本尺寸 /mm		基本偏差数值												IT5 和 IT6	IT7	IT8
		上极限偏差 e_s														
		所有标准公差等级											js	j		
大于	至	a^a	b^a	c	cd	d	e	ef	f	fg	g	h	js			
—	3	−270	−140	−60	−34	−20	−14	−10	−6	−4	−2	0		−2	−4	−6
3	6	−270	−140	−70	−46	−30	−20	−14	−8	−6	−4	0		−2	−4	—
6	10	−280	−150	−80	−56	−40	−25	−18	−13	−8	−5	0		−2	−5	—
10	14	−290	−150	−95	—	−50	−32	—	−16	—	−6	0		−3	−6	—
14	18															
18	24	−300	−160	−110	—	−65	−40	—	−20	—	−7	0		−4	−8	—
24	30															
30	40	−310	−170	−120	—	−80	−50	—	−25	—	−9	0	偏差 ＝ ±（ I T n ）／ 2 ，式中 n 是标准公差等级数	−5	−10	—
40	50	−320	−180	−130												
50	65	−340	−190	−140	—	−100	−60	—	−30	—	−10	0		−7	−12	—
65	80	−360	−200	−150												
80	100	−380	−220	−170	—	−120	−72	—	−36	—	−12	0		−9	−15	—
100	120	−410	−240	−180												
120	140	−460	−260	−200	—	−145	−85	—	−43	—	−14	0		−11	−18	—
140	160	−520	−280	−210												
160	180	−580	−310	−230												
180	200	−660	−340	−240	—	−170	−100	—	−50	—	−15	0		−13	−21	—
200	225	−740	−380	−260												
225	250	−820	−420	−280												
250	280	−920	−480	−300	—	−190	−110	—	−56	—	−17	0		−16	−26	—
280	315	−1 050	−540	−330												
315	355	−1 200	−600	−360	—	−210	−125	—	−62	—	−18	0		−18	−28	—
355	400	−1 350	−680	−400												
400	450	−1 500	−760	−440	—	−230	−135	—	−68	—	−20	0		−20	−32	—
450	500	−1 650	−840	−480												

注：1. 基本尺寸小于或等于 1 mm 时，基本偏差 a 和 b 均不采用。

下极限偏差 e_i

所有标准公差等级（IT4 至 IT7：≤IT3 >IT7）

IT4至IT7 (k)	≤IT3 >IT7 (k)	m	n	p	r	s	t	u	v	x	y	z	za	zb	zc
0	0	+2	+4	+6	+10	+14	—	+18	—	+20	—	+26	+32	+40	+60
+1	0	+4	+8	+12	+15	+19	—	+23	—	+28	—	+35	+42	+50	+80
+1	0	+6	+10	+15	+19	+23	—	+28	—	+34	—	+42	+52	+67	+97
+1	0	+7	+12	+18	+23	+28	—	+33	—	+40	—	+50	+64	+90	+130
									+39	+45	—	+60	+77	+108	+150
+2	0	+8	+15	+22	+28	+35	—	+41	+47	+54	+63	+73	+98	+136	+188
							+41	+48	+55	+64	+75	+88	+118	+160	+218
+2	0	+9	+17	+26	+34	+43	+48	+60	+68	+80	+94	+112	+148	+200	+274
							+54	+70	+81	+97	+114	+136	+180	+242	+325
+2	0	+11	+20	+32	+41	+53	+66	+87	+102	+122	+144	+172	+226	+300	+405
					+43	+59	+75	+102	+120	+146	+174	+210	+274	+360	+480
+3	0	+13	+23	+37	+51	+71	+91	+124	+146	+178	+214	+258	+335	+445	+585
					+54	+79	+104	+144	+172	+210	+254	+310	+400	+525	+690
+3	0	+15	+27	+43	+63	+92	+122	+170	+202	+248	+300	+365	+470	+620	+800
					+65	+100	+134	+190	+228	+280	+340	+415	+535	+700	+900
					+68	+108	+146	+210	+252	+310	+380	+465	+600	+780	+1 000
+4	0	+17	+31	+50	+77	+122	+166	+236	+284	+350	+425	+520	+670	+880	+1 150
					+80	+130	+180	+258	+310	+385	+470	+575	+740	+960	+1 250
					+84	+140	+196	+284	+340	+425	+520	+640	+820	+1 050	+1 350
+4	0	+20	+34	+56	+94	+158	+218	+315	+385	+475	+580	+710	+920	+1 200	+1 550
					+98	+170	+240	+350	+425	+525	+650	+790	+1 000	+1 300	+1 700
+4	0	+21	+37	+62	+108	+190	+268	+390	+475	+590	+730	+900	+1 150	+1 500	+1 900
					+114	+208	+294	+435	+532	+660	+820	+1 000	+1 300	+1 650	+2 100
+5	0	+23	+40	+68	+126	+232	+330	+490	+595	+740	+920	+1 100	+1 450	+1 850	+2 400
					+132	+252	+360	+540	+660	+820	+1 000	+1 250	+1 600	+2 100	+2 600

孔的基本偏差数值（摘自 GB/T 1800.1—2020）（单位：μm）

基本尺寸/mm		基本偏差数值																		
		下极限偏差 EI												IT6	IT7	IT8	≤IT8	>IT8	≤IT8	>IT8
		所有公差等级												J			K		M	
大于	至	Aª	Bª	C	CD	D	E	EF	F	FG	G	H	JS	J			K		M	
—	3	+270	+140	+60	+34	+20	+14	+10	+6	+4	+2	0		+2	+4	+6	0	0	-2	-2
3	6	+270	+140	+70	+46	+30	+20	+14	+10	+6	+4	0		+5	+6	+10	-1 +Δ	—	-4 +Δ	-4
6	10	+280	+150	+80	+56	+40	+25	+18	+13	+8	+5	0		+5	+8	+12	-1 +Δ	—	-6 +Δ	-6
10	14	+290	+150	+95	—	+50	+32	—	+16	—	+6	0	偏差 = ±（ITn）/2，式中 n 为标准公差等级数	+6	+10	+15	-1 +Δ	—	-7 +Δ	-7
14	18																			
18	24	+300	+160	+110	—	+65	+40	—	+20	—	+7	0		+8	+12	+20	-2 +Δ	—	-8 +Δ	-8
24	30																			
30	40	+310	+170	+120	—	+80	+50	—	+25	—	+9	0		+10	+14	+24	-2 +Δ	—	-9 +Δ	-9
40	50	+320	+180	+130																
50	65	+340	+190	+140	—	+100	+60	—	+30	—	+10	0		+13	+18	+28	-2 +Δ	—	-11 +Δ	-11
65	80	+360	+200	+150																
80	100	+380	+220	+170	—	+120	+72	—	+36	—	+12	0		+16	+22	+34	-3 +Δ	—	-13 +Δ	-13
100	120	+410	+240	+180																
120	140	+460	+260	+200	—	+145	+85	—	+43	—	+14	0		+18	+26	+41	-3 +Δ	—	-15 +Δ	-15
140	160	+520	+280	+210																
160	180	+580	+310	+230																
180	200	+660	+340	+240	—	+170	+100	—	+50	—	+15	0		+22	+30	+47	-4 +Δ	—	-17 +Δ	-17
200	225	+740	+380	+260																
225	250	+820	+420	+280																
250	280	+920	+480	+300	—	+190	+110	—	+56	—	+17	0		+25	+36	+55	-4 +Δ	—	-20 +Δ	-20
280	315	+1 050	+540	+330																
315	355	+1 200	+600	+360	—	+210	+125	—	+62	—	+18	0		+29	+39	+60	-4 +Δ	—	-21 +Δ	-21
355	400	+1 350	+680	+400																
400	450	+1 500	+760	+440	—	+230	+135	—	+68	—	+20	0		+33	+43	+66	-5 +Δ	—	-23 +Δ	-23
450	500	+1 650	+840	+480																

注：a. 基本尺寸小于或等于 1 mm 时，不适用基本偏差 A 和 B。

b. 特例：对于公称尺寸为 250 ~ 315 mm 的公差带代号 M6，ES = -9 μm（计算结果不是 -11 μm）。

上偏差 ES															Δ 值					
≤IT8	>IT8	≤IT7	标准公差等级大于 IT7												标准公差等级					
N[ab]	P-ZC[a]		P	R	S	T	U	V	X	Y	Z	ZA	ZB	ZC	IT3	IT4	IT5	IT6	IT7	IT8
-4	-4		-6	-10	-14	-	-18	-	-20	-	-26	-32	-40	-60	0	0	0	0	0	0
-8 +Δ	0		-12	-15	-19	-	-23	-	-28	-	-35	-42	-50	-80	1	1.5	1	3	4	6
-10 +Δ	0		-15	-19	-23	-	-28	-	-34	-	-42	-52	-67	-97	1	1.5	2	3	6	7
-12 +Δ	0	在 > IT7 的标准公差等级的基本偏差数值上增加一个 Δ 值	-18	-23	-28	-	-33	-	-40	-	-50	-64	-90	-130	1	2	3	3	7	9
								-39	-45	-	-60	-77	-108	-150						
-15 +Δ	0		-22	-28	-35	-	-41	-47	-54	-63	-73	-98	-136	-188	1.5	2	3	4	8	12
						-41	-48	-55	-64	-75	-88	-118	-160	-218						
-17 +Δ	0		-26	-34	-43	-48	-60	-68	-80	-94	-112	-148	-200	-247	1.5	3	4	5	9	14
						-54	-70	-81	-97	-114	-136	-180	-242	-325						
-20 +Δ	0		-32	-41	-53	-66	-87	-102	-122	-144	-172	-226	-300	-405	2	3	5	6	11	16
				-43	-59	-75	-102	-120	-146	-174	-210	-274	-360	-480						
-23 +Δ	0		-37	-51	-71	-91	-124	-146	-178	-214	-258	-335	-445	-585	2	4	5	7	13	19
				-54	-79	-104	-144	-172	-210	-254	-310	-400	-525	-690						
-27 +Δ	0		-43	-63	-92	-122	-170	-202	-248	-300	-365	-470	-620	-800	3	4	6	7	15	23
				-65	-100	-134	-190	-228	-280	-340	-415	-535	-700	-900						
				-68	-108	-146	-210	-252	-310	-380	-465	-600	-780	-1 000						
-31 +Δ	0		-50	-77	-122	-166	-236	-284	-350	-425	-620	-670	-880	-1 150	3	4	6	9	17	26
				-80	-130	-180	-258	-310	-385	-470	-575	-740	-960	-1 250						
				-84	-140	-196	-284	-340	-425	-520	-640	-820	-1 050	-1 350						
-34 +Δ	0		-56	-94	-158	-218	-315	385	-475	-580	-710	-920	-1 200	-1 550	4	4	7	9	20	29
				-98	-170	-240	-350	-425	-525	-650	-790	-1 000	-1 300	-1 700						
-37 +Δ	0		-62	-108	-190	-268	-390	-475	-590	-730	-900	-1 150	-1 500	-1 900	4	5	7	11	21	32
				-114	-208	-294	-435	-530	-660	-820	-1 000	-1 300	-1 650	-2 100						
-40 +Δ	0		-68	-126	-232	-330	-490	-595	-740	-920	-1 100	-1 450	-1 850	-2 400	5	5	7	13	23	34
				-132	-252	-360	-540	-660	-820	-1 000	-1 250	-1 600	-2 100	-2 600						

注:公称尺寸≤1 mm时,不使用标准公差等级>IT8的基本偏差 N。

轴的极限偏差表(摘自 GB/T 1800.2—2020)(单位:μm)

代号		a	b	c	d	e	f	g	h					
基本尺寸/mm		公　差												
大于	至	11	11	*11	*9	8	*7	*6	5	*6	*7	8	*9	10
-	3	-270 -330	-140 -200	-60 -120	-20 -45	-14 -28	-6 -16	-2 -8	0 -4	0 -6	0 -10	0 -14	0 -25	0 -40
3	6	-270 -345	-140 -215	-70 -145	-30 -60	-20 -38	-10 -22	-4 -12	0 -5	0 -8	0 -12	0 -18	0 -30	0 -48
6	10	-280 -370	-150 -240	-80 -170	-40 -76	-25 -47	-13 -28	-5 -14	0 -6	0 -9	0 -15	0 -22	0 -36	0 -58
10	14	-290 -400	-150 -260	-95 -205	-50 -93	-32 -59	-16 -34	-6 -17	0 -8	0 -11	0 -18	0 -27	0 -43	0 -70
14	18	-290 -400	-150 -260	-95 -205	-50 -93	-32 -59	-16 -34	-6 -17	0 -8	0 -11	0 -18	0 -27	0 -43	0 -70
18	24	-300 -430	-160 -290	-110 -240	-65 -117	-40 -73	-20 -41	-7 -20	0 -9	0 -13	0 -21	0 -33	0 -52	0 -84
24	30	-300 -430	-160 -290	-110 -240	-65 -117	-40 -73	-20 -41	-7 -20	0 -9	0 -13	0 -21	0 -33	0 -52	0 -84
30	40	-310 -470	-170 -330	-120 -280	-80 -142	-50 -89	-25 -50	-9 -25	0 -11	0 -16	0 -25	0 -39	0 62	0 -100
40	50	-320 -480	-180 -340	-130 -290	-80 -142	-50 -89	-25 -50	-9 -25	0 -11	0 -16	0 -25	0 -39	0 62	0 -100
50	65	-340 -530	-190 -380	-140 -330	-100 -174	-60 -106	-30 -60	-10 -29	0 -13	0 -19	0 -30	0 -46	0 -74	0 -120
65	80	-360 -550	-200 -390	-150 -340	-100 -174	-60 -106	-30 -60	-10 -29	0 -13	0 -19	0 -30	0 -46	0 -74	0 -120
80	100	-380 -600	-220 -440	-170 -390	-120 -207	-72 -126	-36 -71	-12 -34	0 -15	0 -22	0 -35	0 -54	0 -87	0 -140
100	120	-410 -630	-240 -460	-180 -400	-120 -207	-72 -126	-36 -71	-12 -34	0 -15	0 -22	0 -35	0 -54	0 -87	0 -140
120	140	-460 -710	-260 -510	-200 -450	-145 -245	-85 -148	-43 -83	-14 -39	0 -18	0 -25	0 -40	0 -63	0 -100	0 -160
140	160	-520 -770	-280 -530	-210 -460	-145 -245	-85 -148	-43 -83	-14 -39	0 -18	0 -25	0 -40	0 -63	0 -100	0 -160
160	180	-580 -830	-310 -560	-230 -480	-145 -245	-85 -148	-43 -83	-14 -39	0 -18	0 -25	0 -40	0 -63	0 -100	0 -160
180	200	-660 -950	-340 -630	-240 -530	-170 -285	-100 -172	-50 -96	-15 -44	0 -20	0 -29	0 -46	0 -72	0 -115	0 -185
200	225	-740 -1 030	-380 -670	-260 -550	-170 -285	-100 -172	-50 -96	-15 -44	0 -20	0 -29	0 -46	0 -72	0 -115	0 -185
225	250	-820 -1 110	-420 -710	-280 -570	-170 -285	-100 -172	-50 -96	-15 -44	0 -20	0 -29	0 -46	0 -72	0 -115	0 -185
250	280	-920 -1 240	-480 -800	-300 -620	-190 -320	-110 -191	-56 -108	-17 -49	0 -23	0 -32	0 -52	0 -81	0 -130	0 -210
280	315	-1 050 -1 370	-540 -860	-330 -650	-190 -320	-110 -191	-56 -108	-17 -49	0 -23	0 -32	0 -52	0 -81	0 -130	0 -210
315	355	-1 200 -1 560	-600 -960	-360 -720	-210 -350	-125 -214	-62 -119	-18 -54	0 -25	0 -36	0 -57	0 -89	0 -140	0 -230
355	400	-1 350 -1 710	-680 -1 040	-400 -760	-210 -350	-125 -214	-62 -119	-18 -54	0 -25	0 -36	0 -57	0 -89	0 -140	0 -230
400	450	-1 500 -1 900	-760 -1 160	-440 -840	-230 -385	-135 -232	-68 -131	-20 -60	0 -27	0 -40	0 -63	0 -97	0 -155	0 -250
450	500	-1 650 -2 050	-840 -1 240	-480 -880	-230 -385	-135 -232	-68 -131	-20 -60	0 -27	0 -40	0 -63	0 -97	0 -155	0 -250

注:带 * 者为优先选用,其他为常用。

		js	k	m	n	p	r	s	t	u	v	x	y	z
						等 级								
*11	12	6	*6	6	*6	*6	6	*6	6	*6	6	6	6	6
0 / −60	0 / −100	±3	+6 / 0	+8 / +2	+10 / +4	+12 / +6	+16 / +10	+20 / +14	—	+24 / +18	—	+26 / +20	—	+32 / +26
0 / −75	0 / −120	±4	+9 / +1	+12 / +4	+16 / +8	+20 / +12	+23 / +15	+27 / +19	—	+31 / +23	—	+36 / +28	—	+43 / +35
0 / −90	0 / −150	±4.5	+10 / +1	+15 / +6	+19 / +10	+24 / +15	+28 / +19	+32 / +23	—	+37 / +28	—	+43 / +34	—	+51 / +42
0 / −110	0 / −180	±5.5	+12 / +1	+18 / +7	+23 / +12	+29 / +18	+34 / +23	+39 / +28	—	+44 / +33	—	+51 / +40	—	+61 / +50
											+50 / +39	+56 / +45		+71 / +60
0 / −130	0 / −210	±6.5	+15 / +2	+21 / +8	+28 / +15	+35 / +22	+41 / +28	+48 / +35	—	+54 / +41	+60 / +47	+67 / +54	+76 / +63	+86 / +73
									+54 / +41	+61 / +48	+68 / +55	+77 / +64	+88 / +75	+101 / +88
0 / −160	0 / −250	±8	+18 / +2	+25 / +9	+33 / +17	+42 / +26	+50 / +34	+59 / +43	+64 / +48	+76 / +60	+84 / +68	+96 / +80	+110 / +94	+128 / +112
									+70 / +54	+86 / +70	+97 / +81	+113 / +97	+130 / +114	+152 / +136
0 / −190	0 / −300	±9.5	+21 / +2	+30 / +11	+39 / +20	+51 / +32	+60 / +41	+72 / +53	+85 / +66	+106 / +87	+121 / +102	+141 / +122	+163 / +144	+191 / +172
							+62 / +43	+78 / +59	+94 / +75	+121 / +102	+139 / +120	+165 / +146	+193 / +174	+229 / +210
0 / −220	0 / −350	±11	+25 / +3	+35 / +13	+45 / +23	+59 / +37	+73 / +51	+93 / +71	+113 / +91	+146 / +124	+168 / +146	+200 / +178	+236 / +214	+280 / +258
							+76 / +54	+101 / +79	+126 / +104	+166 / +144	+194 / +172	+232 / +210	+276 / +254	+332 / +310
0 / −250	0 / −400	±12.5	+28 / +3	+40 / +15	+52 / +27	+68 / +43	+88 / +63	+117 / +92	+147 / +122	+195 / +170	+227 / +202	+273 / +248	+325 / +300	+390 / +365
							+90 / +65	+125 / +100	+159 / +134	+215 / +190	+253 / +228	+305 / +280	+365 / +340	+440 / +415
							+93 / +68	+133 / +108	+171 / +146	+235 / +210	+277 / +252	+335 / +310	+405 / +380	+490 / +465
0 / −290	0 / −460	±14.5	+33 / +4	+46 / +17	+60 / +31	+79 / +50	+106 / +77	+151 / +122	+195 / +166	+265 / +236	+313 / +284	+379 / +350	+454 / +425	+549 / +520
							+109 / +80	+159 / +130	+209 / +180	+287 / +258	+339 / +310	+414 / +385	+499 / +470	+604 / +575
							+113 / +84	+169 / +140	+225 / +196	+313 / +284	+369 / +340	+454 / +425	+549 / +520	+669 / +640
0 / −320	0 / −520	±16	+36 / +4	+52 / +20	+66 / +34	+88 / +56	+126 / +94	+190 / +158	+250 / +218	+347 / +315	+417 / +385	+507 / +475	+612 / +580	+742 / +710
							+130 / +98	+202 / +170	+272 / +240	+382 / +350	+457 / +425	+557 / +525	+682 / +650	+822 / +790
0 / −360	0 / −570	±18	+40 / +4	+57 / +21	+73 / +37	+98 / +62	+144 / +108	+226 / +190	+304 / +268	+426 / +390	+511 / +475	+626 / +590	+766 / +730	+936 / +900
							+150 / +114	+244 / +208	+330 / +294	+471 / +435	+566 / +530	+696 / +660	+856 / +820	+1036 / +1000
0 / −400	0 / −630	±20	+45 / +5	+63 / +23	+80 / +40	+108 / +68	+166 / +126	+272 / +232	+370 / +330	+530 / +490	+635 / +595	+780 / +740	+960 / +920	+1140 / +1100
							+172 / +132	+292 / +252	+400 / +360	+580 / +540	+700 / +660	+860 / +820	+1040 / +1000	+1290 / +1250

孔的极限偏差表(摘自 GB/T 1800.2—2020)(单位:μm)

代号		A	B	C	D	E	F	G	H					
基本尺寸/mm		公差												
大于	至	11	11	*11	*9	8	*8	*7	6	*7	*8	*9	10	*11
−	3	+330/+270	+200/+140	+120/+60	+45/+20	+28/+14	+20/+6	+12/+2	+6/0	+10/0	+14/0	+25/0	+40/0	+60/0
3	6	+345/+270	+215/+140	+145/+70	+60/+30	+38/+20	+28/+10	+16/+4	+8/0	+12/0	+18/0	+30/0	+48/0	+75/0
6	10	+370/+280	+240/+150	+170/+80	+76/+40	+47/+25	+35/+13	+20/+5	+11/0	+15/0	+22/0	+36/0	+58/0	+90/0
10	14	+400/+290	+260/+150	+205/+95	+93/+50	+59/+32	+43/+16	+24/+6	+11/+0	+18/0	+27/0	+43/0	+70/0	+110/0
14	18	+400/+290	+260/+150	+205/+95	+93/+50	+59/+32	+43/+16	+24/+6	+11/+0	+18/0	+27/0	+43/0	+70/0	+110/0
18	24	+430/+300	+290/+160	+240/+110	+117/+65	+73/+40	+53/+20	+28/+7	+13/0	+21/0	+33/0	+52/0	+84/0	+130/0
24	30	+430/+300	+290/+160	+240/+110	+117/+65	+73/+40	+53/+20	+28/+7	+13/0	+21/0	+33/0	+52/0	+84/0	+130/0
30	40	+470/+310	+330/+170	+280/+120	+142/+80	+89/+50	+64/+25	+34/+9	+16/0	+25/0	+39/0	+62/0	+100/0	+160/0
40	50	+480/+320	+340/+180	+290/+130	+142/+80	+89/+50	+64/+25	+34/+9	+16/0	+25/0	+39/0	+62/0	+100/0	+160/0
50	65	+530/+340	+380/+190	+330/+140	+174/+100	+106/+60	+76/+30	+40/+10	+19/0	+30/0	+46/0	+74/0	+120/0	+190/0
65	80	+550/+360	+390/+200	+340/+150	+174/+100	+106/+60	+76/+30	+40/+10	+19/0	+30/0	+46/0	+74/0	+120/0	+190/0
80	100	+600/+380	+440/+220	+390/+170	+207/+120	+126/+72	+90/+36	+47/+12	+22/0	+35/0	+54/0	+87/0	+140/0	+220/0
100	120	+630/+410	+460/+240	+400/+180	+207/+120	+126/+72	+90/+36	+47/+12	+22/0	+35/0	+54/0	+87/0	+140/0	+220/0
120	140	+710/+460	+510/+260	+450/+200	+245/+145	+148/+85	+106/+43	+54/14	+25/0	+40/0	+63/0	+100/0	+160/0	+250/0
140	160	+770/+520	+530/+280	+460/+210	+245/+145	+148/+85	+106/+43	+54/14	+25/0	+40/0	+63/0	+100/0	+160/0	+250/0
160	180	+830/+580	+560/+310	+480/+230	+245/+145	+148/+85	+106/+43	+54/14	+25/0	+40/0	+63/0	+100/0	+160/0	+250/0
180	200	+950/+660	+630/+340	+530/+240	+285/+170	+172/+100	+122/50	+61/+15	+29/0	+46/0	+72/0	+115/0	+185/0	+290/0
200	225	+1 030/+740	+670/+380	+550/+260	+285/+170	+172/+100	+122/50	+61/+15	+29/0	+46/0	+72/0	+115/0	+185/0	+290/0
225	250	+1 110/+820	+710/+420	+570/+280	+285/+170	+172/+100	+122/50	+61/+15	+29/0	+46/0	+72/0	+115/0	+185/0	+290/0
250	280	+1 240/+920	+800/+480	+620/+300	+320/+190	+191/+110	+137/+56	+69/+17	+32/0	+52/0	+81/0	+130/0	+210/0	+320/0
280	315	+1 370/+1 050	+860/+540	+650/+330	+320/+190	+191/+110	+137/+56	+69/+17	+32/0	+52/0	+81/0	+130/0	+210/0	+320/0
315	355	+1 560/+1 200	+960/+600	+720/+360	+350/+210	+214/+125	+151/+62	+75/+18	+36/0	+57/0	+89/0	+140/0	+230/0	+360/0
355	400	+1 710/+1 350	+1 040/+680	+760/+400	+350/+210	+214/+125	+151/+62	+75/+18	+36/0	+57/0	+89/0	+140/0	+230/0	+360/0
400	450	+1 900/+1 500	+1 160/+760	+840/+440	+385/+230	+232/+135	+165/+68	+83/+20	+40/0	+63/0	+97/0	+155/0	+250/0	+400/0
450	500	+2 050/+1 650	+1 240/+840	+880/+480	+385/+230	+232/+135	+165/+68	+83/+20	+40/0	+63/0	+97/0	+155/0	+250/0	+400/0

注:带"﹡"者为优先选用,其他为常用。

	JS		K		M		N	P	R		S	T	U	
等级														
12	6	7	6	*7	8	7	6	7	6	*7	7	*7	7	*7
+100 / 0	±3	±5	0 / −6	0 / −10	0 / −14	−2 / −12	−4 / −10	−4 / −14	−6 / −12	−6 / −16	−10 / −20	−14 / −24	—	−18 / −28
+120 / 0	±4	±6	+2 / −6	+3 / −9	+5 / −13	0 / −12	−5 / −13	−4 / −16	−9 / −17	−8 / −20	−11 / −23	−15 / −27	—	−19 / −31
+150 / 0	±4.5	±7	+2 / −7	+5 / −10	+6 / −16	0 / −15	−7 / −16	−4 / −19	−12 / −21	−9 / −24	−13 / −28	−17 / −32	—	−22 / −37
+180 / 0	±5.5	±9	+2 / −9	+6 / −12	+8 / −19	0 / −18	−9 / −20	−5 / −23	−15 / −26	−11 / −29	−16 / −34	−21 / −39	—	−26 / −44
+210 / 0	±6.5	±10	+2 / −11	+6 / −15	+10 / −23	0 / −21	−11 / −24	−7 / −28	−18 / −31	−14 / −35	−20 / −41	−27 / −48	—	−33 / −54
													−33 / −54	−40 / −61
+250 / 0	±8	±12	+3 / −13	+7 / −18	+12 / −27	0 / −25	−12 / −28	−8 / −33	−21 / −37	−17 / −42	−25 / −50	−34 / −59	−39 / −64	−51 / −76
													−45 / −70	−61 / −86
+300 / 0	±9.5	±15	+4 / −15	+9 / −21	+14 / −32	0 / −30	−14 / −33	−9 / −39	−26 / −45	−21 / −51	−30 / −60	−42 / −72	−55 / −85	−76 / −106
											−32 / −62	−48 / −78	−64 / −94	−91 / −121
+350 / 0	±11	±17	+4 / −18	+10 / −25	+16 / −38	0 / −35	−16 / −38	−10 / −45	−30 / −52	−24 / −59	−38 / −73	−58 / −93	−78 / −113	−111 / −146
											−41 / −76	−66 / −101	−91 / −126	−131 / −166
+400 / 0	±12.5	±20	+4 / −21	+12 / −28	+20 / −43	0 / −40	−20 / −45	−12 / −52	−36 / −61	−28 / −68	−48 / −88	−77 / −117	−107 / −147	−155 / −195
											−50 / −90	−85 / −125	−119 / −159	−175 / −215
											−53 / −93	−93 / −133	−131 / −171	−195 / −235
+460 / 0	±14.5	±23	+5 / −24	+13 / −33	+22 / −50	0 / −46	−22 / −51	−14 / −60	−41 / −70	−33 / −79	−60 / −106	−105 / −151	−149 / −195	−219 / −265
											−63 / −109	−113 / −159	−163 / −209	−241 / −287
											−67 / −113	−123 / −169	−179 / −225	−267 / −313
+520 / 0	±16	±26	+5 / −27	+16 / −36	+25 / −56	0 / −52	−25 / −57	−14 / −66	−47 / −79	−36 / −88	−74 / −126	−138 / −190	−198 / −250	−295 / −347
											−78 / −130	−150 / −202	−220 / −272	−330 / −382
+570 / 0	±18	±28	+7 / −29	+17 / −40	+28 / −61	0 / −57	−26 / −62	−16 / −73	−51 / −87	−41 / −98	−87 / −144	−169 / −226	−247 / −304	−369 / −426
											−93 / −150	−187 / −244	−273 / −330	−414 / −471
+630 / 0	±20	±31	+8 / −32	+18 / −45	+29 / −68	0 / −63	−27 / −67	−17 / −80	−55 / −95	−45 / −108	−103 / −166	−209 / −272	−307 / −370	−467 / −530
											−109 / −172	−229 / −292	−337 / −400	−517 / −580

常用钢材（摘自 GB/T 700—2006、GB/T 699—2015、GB/T 3077—2015、GB/T 11352—2009）

名　称		牌　号	应用举例	说　明
碳素结构钢		Q215-A 0235-A Q235-B Q255-A Q275	受力不大的铆钉、螺钉、轮轴、凸轮、焊件、渗碳件、螺栓、螺母、拉杆、钩、连杆、楔、轴、焊件 金属构造物中一般机件、拉杆、轴、焊件 重要的螺钉、拉杆、钩、楔、连杆、轴、销、齿轮、键、牙嵌离合器、链板、闸带、受大静载荷的齿轮轴	"Q"表示屈服点,数字表示屈服点数值,A、B 等表示质量等级。
优质碳素 结构钢		08F 15 20 25 30 35 40 45 50 55 60	要求可塑性好的零件:管子、垫片、渗碳件、氰化件、渗碳件、紧固件、冲模锻件、化工容器、杠杆、轴套、钩、螺钉、渗碳件与氰化件 轴、辊子、连接器,紧固件中的螺栓、螺母、曲轴、转轴、轴销、连杆、横梁、星轮 曲轴、摇杆、拉杆、键、销、螺栓、转轴 齿轮、齿条、链轮、凸轮、轧辊、曲柄轴 齿轮、轴、联轴器、衬套、活塞销、链轮 活塞杆、齿轮、不重要的弹簧 齿轮、连杆、扁弹簧、轧辊、偏心轮、轮圈、轮缘 叶片、弹簧	数字表示钢中平均含碳量的万分数,例如"45"表示平均含碳量为 0.45% 。
		30Mn 40Mn 50Mn 60Mn	螺栓、杠杆、制动板 用于承受疲劳载荷的零件:轴、曲轴、万向联轴器 用于高负荷下耐磨的热处理零件:齿轮、凸轮、摩擦片 弹簧、发条	含锰量 0.7% ~ 1.2% 的优质碳素钢。
合金结构钢	铬钢	15 Cr 20 Cr 30 Cr 40 Cr 45 Cr	渗碳齿轮、凸轮、活塞销、离合器 较重要的渗碳件 重要的调质零件:轮轴、齿轮、摇杆、重要的螺栓、滚子 较重要的调质零件:齿轮、进气阀、辊子、轴 强度及耐磨性高的轴、齿轮、螺栓	1. 合金结构钢前面两位数字,表示钢中含碳量的万分数。 2. 合金元素以化学符号表示。 3. 合金元素含量小于 1.5% 时,仅注出元素符号。
	铬锰钛钢	20CrMnTi 30CrMnTi	汽车上的重要渗碳件:齿轮 汽车、拖拉机上强度特高的渗碳齿轮	
铸钢		ZG230-450 ZG310-570	机座、箱体、支架 齿轮、飞轮、机架	"ZG"表示铸钢,数字表示屈服点及抗拉强度(MPa)。

常用铸铁（摘自 GB/T 9439—2010、GB/T 1348—2019、GB/T 9440—2010）

名称	牌　号	硬度（HB）	应用举例	说　明
灰铸铁	HTl00	114～173	机床中受轻负荷，磨损无关重要的铸件，如托盘、把手、手轮等。	"HT"是灰铸铁代号，其后数字表示抗拉强度（MPa）。
	HTl50	132～197	承受中等弯曲应力，摩擦面间压强高于500MPa的铸件，如机床底座、工作台、汽车变速器、泵体、阀体、阀盖等。	
	HT200	151～229	承受较大弯曲应力，要求保持气密性的铸件，如机床立柱、刀架、齿轮箱体、床身、油缸、泵体、皮带轮、轴承盖和架等。	
	HT250	180～269	承受较大弯曲应力，要求体质气密性的铸件，如气缸套、齿轮、机床床身、立柱、齿轮箱体、油缸、泵体、阀体等。	
	HT300	207～313	承受高弯曲应力、拉应力、要求高度气密性的铸件，如高压油缸、泵体、阀体、汽轮机隔板等。	
	HT350	238～357	轧钢滑板、辊子、炼焦柱塞等。	
球墨铸铁	QT400-15 QT400-18	130～180 130～180	韧性高，低温性能好，且有一定的耐蚀性，用于制作汽车、拖拉机中的轮毂、壳体、离合器拨叉等。	"QT"为球墨铸铁代号，其后第一组数字表示抗拉强度（MPa），第二组数字表示延伸率（%）。
	QT500-7 QT450-10 QT600-3	170～230 160～210 190～270	具有中等强度和韧性，用于制作内燃机中油泵齿轮、汽轮机的中温气缸隔板、水轮机阀门体等。	
可锻铸铁	KTH300-06 KTH350-10 KTZ450-06 KTB400-05	≤150 ≤150 150～200 ≤220	用于承受冲击、振动等零件，如汽车零件、机床附件、各种管接头、低压阀门、曲轴和连杆等。	"KTH""KTZ""KTB"分别为黑心、球光体、白心可锻铸铁代号，其后第一组数字表示抗拉强度（MPa），第二组数字表示延伸率（%）。

常用有色金属及其合金（摘自 GB/T 1176—2013、GB/T 3190—2020）

名称或代号	牌　号	主要用途	说　明
普通黄铜	H62	散热器、垫圈、弹簧、各种网、螺钉及其他零件。	"H"表示黄铜，字母后的数字表示含铜的平均百分数。
40-2锰黄铜	ZCuZn40Mn2	轴瓦、衬套及其他减磨零件。	"Z"表示铸造，字母后的数字表示含铜、锰、锌的平均百分数。
5-5-5锡青铜	ZCuSn5PbZn5	在较高负荷和中等滑动速度下工作的耐磨、耐蚀零件。	字母后的数字表示含锡、铅、锌的平均百分数。
9-2铝青铜	ZCuAl9Mn2	耐蚀、耐磨零件，要求气密性高的铸件，高强度。	字母后的数字表示含铝、锰或铁的平均百分数。
10-3铝青铜	ZCuAl10Fe3	耐磨、耐蚀零件及250℃以下工作的管配件。	
17-4-4铅青铜	ZCuPbl7Sn4ZnA	高滑动速度的轴承和一般耐磨件等。	字母后的数字表示含铅、锡、锌的平均百分数。
ZL201（铝铜合金）	ZAlCu5Mn	用于铸造形状较简单的零件，如支臂、挂梁等。	字母后的数字表示含铜、镁的平均百分数
ZL301（铝铜合金）	ZAlCuMg10	用于铸造小型零件，如海轮配件、航空配件等。	
硬铝	LYl2	高强度硬铝，适用于制造高负荷零件及构件，但不包括冲压件和锻压件，如飞机骨架等。	"LY"表示硬铝，数字表示顺序号。

常用非金属材料

材料名称及标准号		牌号	说　明	特性及应用举例
工业用橡胶板	耐酸橡胶板 （GB/T 5574—2008）	2807 2709	较高硬度 中等硬度	具有耐酸碱性能，用作冲制密封性能较好的垫圈。
	耐油橡胶板 （GB/T 5574—2008）	3707 3709	较高硬度	可在一定温度的油中工作，适用冲制各种形状的垫圈。
	耐热橡胶板 （GB/T 5574—2008）	4708 4710	较高硬度 中等硬度	可在热空气、蒸汽（100℃）中工作，用作冲制各种垫圈和隔热垫板。
尼龙	尼龙 66 尼龙 1010		具有高抗拉强度和冲击韧性，耐热（＞100℃）、耐弱酸、耐弱碱、耐油性好。	用于制作齿轮等传动零件，有良好的消音性，运转时噪声小。
耐油橡胶石棉板 （GB/T 539—2008）			有厚度为 0.4～3.0 mm 的 10 种规格。	供航空发动机的煤油、润滑油及冷气系统结合处的密封衬垫材料。
毛毡 （FZ/T 25001—2012）			厚度为 1～30 mm。	用作密封、防漏油、防震、缓冲衬垫等，按需选用细毛、半粗毛、粗毛。
有机玻璃板 （GB/T 7134—2008）			耐盐酸、硫酸、草酸、烧碱和纯碱等一般碱性及二氧化碳、臭氧等腐蚀。	适用于耐腐蚀和需要透明的零件，如油标、油杯、透明管道等。

常用的热处理及表面处理

名词	代号及标注示例	说　明	应　用
退火	Th	将钢件加热到临界温度以上（一般是 710～715 ℃，个别合金钢 800～900 ℃）30～50 ℃，保温一段时间，然后缓慢冷却（一般在炉中冷却）。	用来消除铸、锻、焊零件的内应力、降低硬度，便于切削加工，细化金属晶粒，改善组织、增加韧性。
正火	Z	将钢件加热到临界温度以上，保温一段时间，然后用空气冷却，冷却速度比退火快。	用来处理低碳和中碳结构钢及渗碳零件，使其组织细化，增加强度与韧性，减少内应力，改善切削性能。
淬火	C C48：淬火回火至 45～50 HRC	将钢件加热到临界温度以上，保温一段时间，然后在水、盐水或油中（个别材料在空气中）急速冷却，使其得到高硬度。	用来提高钢的硬度和强度极限，但淬火会引起内应力使钢变脆，所以淬火后必须回火。

名词		代号及标注示例	说　明	应　用
回火		回火	回火是将淬硬的钢件加热到临界点以下的温度,保温一段时间,然后在空气中或油中冷却下来。	用来消除淬火后的脆性和内应力,提高钢的塑性和冲击韧性。
调质		T T235:调质处理至 220～250 HB	淬火后在 450～650 ℃进行高温回火,称为调质。	用来使钢获得高的韧性和足够的强度,重要的齿轮、轴及丝杆等零件是调质处理的。
表面淬火	火焰淬火	H54:火焰淬火后,回火到50～55 HRC	用火焰或高频电流,将零件表面迅速加热至临界温度以上,急速冷却。	使零件表面获得高硬度,而心部保持一定的韧性,使零件既耐磨又能承受冲击,表面淬火常用来处理齿轮等。
	高频淬火	G52:高频淬火后,回火到50～55 HRC		
渗碳淬火		S0.5-C59:渗碳层深 0.5,淬火硬度56～62 HRC	在渗碳剂中将钢件加热到900～950 ℃,停留一定时间,将碳渗入钢表面,深度为 0.5～2 mm,再淬火后回火。	增加钢件的耐磨性能、表面硬度、抗拉强度和疲劳极限。 适用于低碳、中碳(含量＜0.40%)结构钢的中小型零件。
氮　化		D0.3-900:氮化层深度 0.3,硬度大于850 HV	氮化是在 500～600 ℃的炉子内通入氮气加热,向钢的表面渗入氮原子的过程,氮化层为 0.025～0～8 mm,氮化时间需 40～50 h(小时)。	增加钢件的耐磨性能、表面硬度、疲劳极限和抗蚀能力。 适用于合金钢、碳钢、铸铁件,如机床主轴、丝杆以及在潮湿碱水和燃烧气体介质的环境中工作的零件。
氰　化		Q59:氰化淬火后,回火至 56～62 HRC	在 820～860 ℃炉内通入碳和氮,保温 1～2 h(小时),使钢件的表面同时渗入碳、氮原子,可得到0.2～0.5 mm 的氰化层。	增加表面硬度、耐磨性、疲劳强度和耐蚀性。 用于要求硬度高、耐磨的中、小型及薄片零件和刀具等。
时　效		时效处理	低温回火后、精加工之前,加热到 100～160 ℃,保持 10～40 h(小时),对铸件也可用天然时效(放在露天中一年以上)。	使工件消除内应力和稳定形状,用于量具、精密丝杆、床身导轨、床身等。
发蓝发黑		发蓝或发黑	将金属零件放在很浓的碱和氧化剂溶液中加热氧化,使金属表面形成一层氧化铁所组成的保护性薄膜。	防腐蚀、美观,用于一般连接的标准件和其他电子类零件。
硬度		HB(布氏硬度)	材料抵抗硬的物体压入其表面的能力称为"硬度",根据测定的方法不同,可分为布氏硬度、洛氏硬度和维氏硬度。 硬度的测定是检验材料经热处理后的机械性能——硬度。	用于退火、正火、调质的零件及铸件的硬度检验。
		HRC(洛氏硬度)		用于经淬火、回火及表面渗碳、渗氮等处理的零件硬度检验。
		HV(维氏硬度)		用于薄层硬化零件的硬度检验。

职业概况
职业名称
钳工①
职业编码
6-20-01-01
职业定义
从事机械设备装调、维修及相关零件加工和工装夹具制作的人员。
职业技能等级
本职业共设五个等级,分别为:五级/初级工、四级/中级工、三级/高级工、二级/技师、一级/高级技师。
职业环境条件
室内外、常温。
职业能力特征
具有一定的学习能力和计算能力,有一定的空间感,能辨识实物和图形资料中的细部结构,手指、手臂灵活,动作协调,无色盲,有一定的沟通表达能力。
普通受教育程度
初中毕业(或相当文化程度)。
培训期限要求
五级/初级工500标准学时;四级/中级工400标准学时;三级/高级工350标准学时;二级/技师300标准学时;一级/高级技师250标准学时。
职业技能鉴定要求
申报条件
具备以下条件之一者,可申报五级/初级工: 1. 累计从事本职业或相关职业②1年(含)以上。 2. 本职业或相关职业学徒期满。 具备以下条件之一者,可申报四级/中级工: 1. 取得本职业或相关职业五级/初级工职业资格证书(技能等级证书)后,累计从事本职业或相关职业工作4年(含)以上。 2. 累计从事本职业或相关职业工作6年(含)以上。 3. 取得技工学校本专业或相关专业③毕业证书(含尚未取得毕业证书的在校应届毕业生);或取得经评估论证、以中级技能为培养目标的中等及以上职业学校本专业或相关专业毕业证书(含尚未取得毕业证书的在校应届毕业生)。

---

① 本职业:机修钳工、装配钳工、工具钳工。
② 相关职业:模具工、机床装配维修工、飞机装配工、工程机械维修工等,下同。
③ 本专业或相关专业:机电一体化技术、机械设备装配与维修、数控机床装配与维修、工程机械维修、新能源汽车制造与装配、船舶建造与维修、飞机制造与装配等,下同。

申报条件

具备以下条件之一者,可申报三级/高级工:

1. 取得本职业或相关职业四级/中级工职业资格证书(技能等级证书)后,累计从事本职业或相关职业工作 5 年(含)以上。

2. 取得本职业或相关职业四级/中级工职业资格证书(技能等级证书),并具有高级技工学校、技师学院毕业证书(含尚未取得毕业证书的在校应届毕业生);或取得本职业或相关职业四级/中级工职业资格证书(技能等级证书),并具有经评估论证、以高级技能为培养目标的高等职业学校本专业或相关专业毕业证书(含尚未取得毕业证书的在校应届毕业生)。

3. 具有大专及以上本专业或相关专业毕业证书,并取得本职业或相关职业四级/中级工职业资格证书(技能等级证书)后,累计从事本职业或相关职业工作 2 年(含)以上。

具备以下条件之一者,可申报二级/技师:

1. 取得本职业或相关职业三级/高级工职业资格证书(技能等级证书)后,累计从事本职业或相关职业工作 4 年(含)以上。

2. 取得本职业或相关职业三级/高级工职业资格证书(技能等级证书)的高级技工学校、技师学院毕业生,累计从事本职业或相关职业工作 3 年(含)以上;或取得本职业或相关职业预备技师证书的技师学院毕业生,累计从事本职业或相关职业工作 2 年(含)以上。

具备以下条件者,可申报一级/高级技师:

取得本职业或相关职业二级/技师职业资格证书(技能等级证书)后,累计从事本职业或相关职业工作 4 年(含)以上。

鉴定方式

分为理论知识考试、技能考核以及综合评审。理论知识考试以笔试、机考等方式为主,主要考核从业人员从事本职业应掌握的基本要求和相关知识要求;技能考核主要采用现场操作、模拟操作等方式进行,主要考核从业人员从事本职业应具备的技能水平;综合评审主要针对技师和高级技师,通常采取审阅申报材料、答辩等方式进行全面评议和审查。

理论知识考试、技能考核和综合评审均实行百分制,成绩皆达 60 分(含)以上者为合格

监考人员、考评人员与考生配比

理论知识考试中的监考人员与考生配比为 1∶15,且每个考场不少于 2 名监考人员;技能考核中的考评人员与考生配比不低于 1∶5,且考评人员为 3 名(含)以上单数;综合评审委员为 3 人(含)以上单数。

鉴定时间

理论知识考试时间不少于 120 min;技能考核时间:五级/初级工不少于 240 min,四级/中级工不少于 300 min,三级/高级工不少于 330 min,二级/技师,一级/高级技师不少于 360 min;综合评审时间不少于 30 min。

鉴定场所设备

理论知识考试在标准教室或机房进行;技能考核在具有钳台、台虎钳、台钻、平板、砂轮机、钳工工具等设施设备的场地进行。

基本要求

职业道德

职业道德基本知识

职业守则

1. 遵章守法，忠于祖国。
2. 恪尽职守，爱岗敬业。
3. 严守规程，安全操作。
4. 勇于创新，精益求精。
5. 爱护设备，文明生产。

基础知识

基本理论知识

1. 机械识图知识。
2. 公差配合与测量基础知识。
3. 常用金属材料及热处理知识。
4. 机械基础知识。
5. 气压传动及液压传动基础知识。
6. CAD/CAM 软件使用基础知识。

钳工基础知识

1. 划线知识。
2. 钳工操作知识（錾、锉、锯、钻、铰孔、攻螺纹、套螺纹）。
3. 机械装调知识。
4. 机械设备维护、维修与保养知识。

机械加工知识

1. 机械制造工艺。
2. 金属切削原理及刀具基础知识。
3. 常用工具、夹具、量具使用与维护知识。
4. 设备润滑及切削液的使用知识。

电工知识

1. 通用设备、常用电器的种类及用途。
2. 电力拖动及控制原理基础知识。
3. 安全用电知识。
4. 电工与电子技术基础知识。

安全文明生产与环境保护知识

1. 现场文明生产要求。
2. 安全操作与劳动保护知识。
3. 环境保护知识。

钳工技术工作手册

质量管理知识
1. 企业的质量方针。 2. 岗位质量要求。 3. 岗位质量保证措施与责任。

相关法律、法规知识
1.《中华人民共和国劳动法》相关知识。 2.《中华人民共和国劳动合同法》相关知识。 3.《中华人民共和国知识产权法》相关知识。 4.《中华人民共和国环境保护法》相关知识。

工作要求

本标准对五级/初级工、四级/中级工、三级/高级工、二级/技师、一级/高级技师的技能要求和相关知识要求依次递进，高级别涵盖低级别的要求。

五级/初级工

职业功能	工作内容	技能要求	相关知识要求
1. 基本作业	1.1 锯削、锉削、錾削加工	1.1.1 能锯削断面平面度公差 0.8 mm、尺寸精度 IT12、直径 $\phi30 \sim \phi50$ mm 的圆钢 1.1.2 能锉削平面度公差 0.08 mm、尺寸精度 IT9、表面粗糙度 $Ra = 3.2$ μm 的 50 mm × 25 mm × 25 mm 的钢件 1.1.3 能錾削尺寸精度 IT 12 的 20 mm × 3 mm × 2 mm（长×宽×高）的沟槽	1.1.1 型材的锯削方法 1.1.2 六方体的锉削加工方法 1.1.3 方槽的錾削方法
	1.2 孔、螺纹加工	1.2.1 能钻削位置度公差 $\phi0.3$ mm、孔径尺寸精度 IT9、直径 $\phi10$ mm 的孔 1.2.2 能铰削尺寸精度 IT8、表面粗糙度 $Ra = 1.6$ μm、直径 $\phi10$ mm 的孔 1.2.3 能根据不同材料确定 20 mm 以下攻螺纹和套螺纹前的底孔直径和圆杆直径并使用丝锥、板牙分别攻、套内、外螺纹	1.2.1 砂轮机的使用注意事项 1.2.2 钻头的刃磨方法 1.2.3 钻孔的相关知识 1.2.4 铰孔的相关知识 1.2.5 攻螺纹与套螺纹的工艺知识
	1.3 刮削、研磨加工	1.3.1 能刮削 25 mm × 25 mm 范围内接触点不少于 12 点、精度 2 级的平板 1.3.2 能研磨表面粗糙度 $Ra = 0.8$ μm、平面度公差 0.03 mm、100 mm × 100 mm 的平面	1.3.1 平面刮削的工艺知识 1.3.2 平板精度检测方法和量具、仪器使用知识 1.3.3 研磨工艺知识 1.3.4 研具、研磨剂的种类、特点和选用知识
	1.4 工具制作、刀具刃磨	1.4.1 能制作误差在 ±8″内的 90°、60°等特殊角度样板 1.4.2 能刃磨平面刮刀、錾子等刀具	1.4.1 万能量角器的使用方法 1.4.2 金属材料及热处理知识 1.4.3 平面刮刀、錾子的刃磨方法

职业功能	工作内容	技能要求	相关知识要求
2. 机械设备装调	2.1 设备装配	2.1.1 能按技术要求装配台钻塔轮、砂轮机主轴等小型简单设备的部件 2.1.2 能按技术要求装配气缸、冷却水泵等气动或冷却机构部件	2.1.1 台钻的结构与工作原理 2.1.2 带传动机构的装配方法 2.1.3 砂轮机的结构与工作原理 2.1.4 气缸、冷却水泵等气动或冷却机构部件的安装方法
	2.2 设备调试	2.2.1 能按技术要求调试台钻塔轮、砂轮机主轴等部件 2.2.2 能按技术要求调试冷却泵、气缸等气动或冷却机构部件	2.2.1 台钻皮带传动装置的调试方法 2.2.2 砂轮机主轴的空运行检测方法 2.2.3 冷却泵、气缸的检测方法
3. 机械设备保养与维修	3.1 设备维护与保养	3.1.1 能维护保养台钻、台虎钳等钳工常用设备 3.1.2 能进行车床、铣床等设备的一级维护保养	3.1.1 钳工常用维护保养工具、夹具、量具的使用和保养知识 3.1.2 车床、铣床等设备的一级维护保养知识
	3.2 设备维修	3.2.1 能进行台钻皮带、砂轮机轴承等的更换作业 3.2.2 能进行油水分离器、安全阀等气动或冷却机构元器件的故障判别和更换作业	3.2.1 台钻皮带传动机构的常见故障及维修知识 3.2.2 砂轮机轴承等的更换知识 3.2.3 常见气动或冷却机构元器件故障判别知识

四级/中级工			
职业功能	工作内容	技能要求	相关知识要求
1. 基本作业	1.1 锯削、锉削、錾削加工	1.1.1 能锯削断面平面度公差 0.5 mm、尺寸精度 IT11、直径 $\phi30 \sim \phi50$ mm 的圆钢 1.1.2 能按照加工要求选择锉刀，锉削平面度公差 0.05 mm、尺寸精度 IT8、表面粗糙度 $Ra = 3.2\ \mu m$ 的 50 mm×25 mm×25 mm 的钢件 1.1.3 能錾削尺寸精度 IT11 的 20 mm×3 mm×2 mm(长×宽×高)的沟槽	1.1.1 錾子的种类、制造材料和热处理知识 1.1.2 錾子的切削角度和刃磨要求 1.1.3 锯弓的种类及锯条的规格和选用知识 1.1.4 锉刀的种类、规格、选用和保养知识 1.1.5 尺寸精度及测量知识

钳工技术工作手册

职业功能	工作内容	技能要求	相关知识要求
1. 基本作业	1.2 孔、螺纹加工	1.2.1 能钻削尺寸精度 IT9、位置度公差 ϕ0.2 mm、表面粗糙度 $Ra = 2.5$ μm 的孔 1.2.2 能铰削尺寸精度 IT7、表面粗糙度 $Ra = 0.8$ μm 的孔 1.2.3 能攻制 M20 以下的螺纹	1.2.1 标准麻花钻的切削特点、刃磨和一般修磨方法 1.2.2 群钻的结构特点和切削特点 1.2.3 铰刀的切削特点、结构、种类、选用和铰削用量的选择知识 1.2.4 丝锥折断的处理方法
	1.3 刮削、研磨加工	1.3.1 能刮削平板、方箱,并达到以下要求:25 mm × 25 mm 范围内接触点不少于 16 点,表面粗糙度 $Ra = 0.8$ μm,直线度公差 0.02 mm/1 000 mm 1.3.2 能刮削轴瓦,并达到以下要求,25 mm × 25 mm 范围内接触点为 16~20 点,圆柱度公差 ϕ0.02 mm,表面粗糙度 $Ra = 1.6$ μm 1.3.3 能研磨 ϕ80 mm × 400 mm 的轴孔,并达到以下要求:圆柱度公差 ϕ0.02 mm,表面粗糙度 $Ra = 0.8$ μm	1.3.1 原始平板的刮研方法 1.3.2 机床导轨的技术要求、类型特点、截面形状及组合形式 1.3.3 机床导轨的精度和检测方法 1.3.4 圆柱表面的研磨方法 1.3.5 导轨刮削的基本方法及检测方法 1.3.6 曲面刮削的基本方法及检测方法 1.3.7 孔的研磨方法及检测方法
	1.4 工具制作、刀具刃磨	1.4.1 能制作简单的辅助工具及夹具 1.4.2 能刃磨标准麻花钻 1.4.3 能研磨铰刀,修磨磨损的丝锥,恢复其切削功能	1.4.1 夹具的分类、作用、组成;典型夹具的结构特点 1.4.2 夹具的装配、调试知识 1.4.3 铰刀的研磨方法 1.4.4 丝锥的修磨方法
2. 机械设备装调	2.1 设备装配	2.1.1 能按技术要求进行机床主轴、齿轮泵、变速器、工作台等部件的装配 2.1.2 能按技术要求进行液压千斤顶、液压卡盘控制系统、数控车床门开关气动控制系统等气动、液压系统的装配 2.1.3 能按技术要求进行活塞组件、缸盖组件等内燃机部(组)件的装配	2.1.1 机械传动装置的结构及工作原理 2.1.2 车床、铣床、磨床等中型机床的工作原理和结构 2.1.3 装配尺寸链知识 2.1.4 机床装配、检测的方法和标准 2.1.5 变速箱的装配工艺 2.1.6 内燃机的结构组成和工作原理

钳工技术工作手册

职业功能	工作内容	技能要求	相关知识要求
2. 机械设备装调	2.2 设备调试	2.2.1 能按技术要求进行机床主轴、齿轮泵、变速器、工作台等机床主要部件的调试 2.2.2 能按技术要求进行液压千斤顶、液压卡盘控制系统、数控车床门开关气动控制系统等气动、液压系统的调试 2.2.3 能按技术要求进行活塞组件、缸盖组件等内燃机部（组）件的调试	2.2.1 机床主轴、齿轮泵、变速箱、工作台等机床主要部件的运行及调试知识 2.2.2 常见机床夹具调试知识 2.2.3 设备安全运行知识 2.2.4 滚动和滑动轴承调试方法 2.2.5 设备调试工具仪器的选用、应用知识
3. 机械设备保养与维修	3.1 设备维护与保养	3.1.1 能按技术要求进行车床、铣床等中型切削机床的二级维护与保养 3.1.2 能按技术要求进行弯管机、油压机等中型压力机床的维护与保养 3.1.3 能按技术要求进行小功率内燃机的维护与保养	3.1.1 车床、铣床等中型切削机床的二级维护与保养相关知识 3.1.2 润滑油脂的分类及应用知识 3.1.3 内燃机的维护与保养知识
	3.2 设备维修	3.2.1 能按技术要求进行机床主轴、齿轮泵、工作台等部件的维修 3.2.2 能按技术要求进行液压千斤顶、液压卡盘控制系统、车床门开关气动控制系统等气动、液压系统的维修 3.2.3 能按技术要求进行活塞组件、缸盖组件等内燃机部（组）件的维修	3.2.1 车床、铣床等常用设备的故障诊断及排除方法 3.2.2 零件的拆卸方法 3.2.3 设备故障检测工具仪器的选用、应用知识
三级/高级工			
职业功能	工作内容	技能要求	相关知识要求
1. 基本作业	1.1 专用工具使用、刀刃具的刃磨	1.1.1 能按不同的使用要求对验检工具等专用工具进行使用 1.1.2 能按不同的使用要求对 $\phi 50$ mm 以上大钻头、油槽刀等特殊刀具进行刃磨	1.1.1 验检工具等专用工具的原理及使用知识 1.1.2 大钻头、油槽刀等特殊刀具刃磨工艺知识
	1.2 锉削、孔、螺纹加工	1.2.1 能按加工要求选择锉刀锉削 20 mm×50 mm 的平面，并达到以下要求：平面度公差 0.03 mm，尺寸精度 IT7，表面粗糙度 $Ra=3.2$ μm 1.2.2 能钻削、扩削、铰削高精度孔系，并达到以下要求：尺寸精度 IT7，位置度公差 $\phi 0.1$ mm，表面粗糙度 $Ra=1.6$ μm	1.2.1 提高锉削精度和表面质量的方法 1.2.2 圆弧面的锉削方法 1.2.3 钻削、扩削、铰削高精度孔系的方法

钳工技术工作手册

职业功能	工作内容	技能要求	相关知识要求
1. 基本作业	1.3 刮削、研磨加工	1.3.1 能刮削平板、燕尾形导轨，并达到以下要求：1 级精度（25 mm×25 mm 范围内接触点不少于 20 点），表面粗糙度 $Ra=0.4$ μm、直线度公差 0.01 mm/1 000 mm 1.3.2 能进行多瓦式动压滑动轴承的刮削，并达到以下要求：25 mm×25 mm 范围内接触点为 16～20 点，同轴度公差 $\phi0.02$ mm，表面粗糙度 $Ra=1.6$ μm 1.3.3 能研磨 $\phi100$ mm×400 mm 的孔，达到以下要求：圆柱度公差 $\phi0.015$ mm，表面粗糙度 $Ra=0.4$ μm	1.3.1 提高刮削精度的方法 1.3.2 提高研磨质量的方法 1.3.3 超精密表面的检测方法
	1.4 夹具、样板或量具制作	1.4.1 能进行手工制作及研磨样板或量具 1.4.2 能按技术要求进行异形零件等零件夹具的制作 1.4.3 能按技术要求进行机械部件装配的工装夹具制作	1.4.1 样板或量具制作工艺知识 1.4.2 精密手工研磨方法和测量知识 1.4.3 工装夹具的装配知识 1.4.4 精密工装夹具的运行及调试知识 1.4.5 精密工装夹具修复工艺的编制知识
2. 机械设备装调	2.1 设备装配	2.1.1 能按技术要求进行车床、铣床等切削机床功能部件的整机装配 2.1.2 能按技术要求进行油压机、磨床等中型机械设备的气动、液压系统的装配 2.1.3 能按技术要求进行小功率内燃机等设备功能部件的整机装配	2.1.1 车床、铣床等机床的工作环境与安装要求 2.1.2 车床、铣床等机床整机装配工艺知识 2.1.3 小功率内燃机整机装配工艺知识 2.1.4 气动、液压系统装配、检测的方法及标准
	2.2 设备调试	2.2.1 能按技术要求进行车床、铣床等切削机床的整机调试 2.2.2 能按技术要求进行油压机、磨床等中型设备的气动、液压系统的调试 2.2.3 能按技术要求进行小功率内燃机的整机调试	2.2.1 车床、铣床、磨床等中型通用设备的运行及调试知识 2.2.2 气动、液压系统的调试知识 2.2.3 小型内燃机的整机调试知识

钳工技术工作手册

职业功能	工作内容	技能要求	相关知识要求
2. 机械设备装调	2.3 设备检测	2.3.1 能按检测要求选用及使用球杆仪等精密检测仪器 2.3.2 能按技术要求检测滚动和滑动轴承精度指标 2.3.3 能按技术要求检测车床、铣床等切削机床的功能和性能指标 2.3.4 能按技术要求检测油压机、磨床等中型设备的气动、液压系统的功能和性能指标 2.3.5 能按技术要求检测小功率内燃机的功能和性能指标	2.3.1 常用检测工量具的使用与保养知识 2.3.2 球杆仪等精密检测仪器的使用方法与保养知识 2.3.3 滚动和滑动轴承的检测方法 2.3.4 车床、铣床、磨床等中型通用设备性能的国家标准及行业标准的相关知识 2.3.5 机床和小型内燃机等设备功能和精度的检测方法
3. 机械设备保养与维修	3.1 设备维护与保养	3.1.1 能按技术要求进行磨床等切削机床的二级维护与保养 3.1.2 能按技术要求进行液压工作站的二级维护与保养 3.1.3 能按技术要求进行工业机器人工作站或自动化生产线等设备的二级维护与保养	3.1.1 磨床的二级维护与保养相关知识 3.1.2 液压工作站的二级维护与保养相关知识 3.1.3 工业机器人工作站或自动化生产线等设备的二级维护与保养相关知识
	3.2 设备维修	3.2.1 能正确分析滚动和滑动轴承部件和车床、铣床、油压机、磨床、内燃机等设备故障产生的原因并进行故障判断 3.2.2 能按技术要求进行车床、铣床等切削机床的整机维修 3.2.3 能按技术要求进行油压机、磨床等中型设备的气动、液压系统的维修 3.2.4 能按技术要求进行小功率内燃机的整机维修	3.2.1 复杂气动、液压系统的结构与工作原理 3.2.2 复杂气动、液压系统、小功率内燃机的故障诊断及排除方法 3.2.3 复杂气动、液压系统、小功率内燃机整机维修工艺知识 3.2.4 机床整机维修工艺知识

二级/技师

职业功能	工作内容	技能要求	相关知识要求
1. 机械设备装调	1.1 设备装配	1.1.1 能按技术要求进行三轴加工中心、大型内燃机等设备功能部件的整机装配 1.1.2 能按技术要求进行液压工作站功能部件的整机装配 1.1.3 能按技术要求进行工业机器人工作站功能部件的整机装配	1.1.1 三轴加工中心等加工设备的结构与工作原理 1.1.2 三轴加工中心等设备部件和整机总装配图的识读知识 1.1.3 三轴加工中心装配工艺及方法 1.1.4 压力机的结构原理及装配方法 1.1.5 工业机器人安装调试知识

钳工技术工作手册

职业功能	工作内容	技能要求	相关知识要求
1. 机械设备装调	1.2 设备调试	1.2.1 能按技术要求进行三轴加工中心、大型内燃机设备的调试 1.2.2 能按技术要求进行液压工作站的调试 1.2.3 能按技术要求进行工业机器人工作站或自动化生产线的调试	1.2.1 三轴加工中心、压力机等大型复杂设备的工作环境要求知识 1.2.2 三轴加工中心运行及调试知识 1.2.3 电力拖动基础知识 1.2.4 PLC 基本知识 1.2.5 大型复杂生产线的安装调试知识
	1.3 设备检测	1.3.1 能按技术要求检测三轴加工中心、大型内燃机等设备的功能和性能指标 1.3.2 能按技术要求检测液压工作站各项技术指标 1.3.3 能按技术要求检测工业机器人工作站、自动化生产线技术指标 1.3.4 能按技术要求使用高精度光学仪器检测设备、部件、零件等	1.3.1 三轴加工中心、压力机等设备性能指标的查阅知识 1.3.2 三轴加工中心精度与性能的检测知识 1.3.3 激光干涉仪、球杆仪等仪器的应用知识 1.3.4 自动化控制原理图的阅读知识 1.3.5 网络通信及组态信息技术知识 1.3.6 光学仪器测量知识
2. 机械设备保养与维修	2.1 设备维护与保养	2.1.1 能按技术要求进行三轴加工中心等加工设备的一级维护与保养 2.1.2 能按技术要求进行液压工作站的一级维护与保养 2.1.3 能按技术要求进行工业机器人工作站或自动化生产线等设备的一级维护与保养	2.1.1 三轴加工中心、大型压力机等设备的维护与保养知识 2.1.2 传感器的识别知识 2.1.3 工业机器人工作站或自动化生产线等设备的维护与保养知识
	2.2 故障诊断与维修	2.2.1 能判断三轴加工中心等加工设备的故障 2.2.2 能按技术要求进行三轴加工中心等加工设备的大修 2.2.3 能按技术要求进行液压工作站的大修 2.2.4 能按技术要求进行工业机器人工作站、自动化生产线等设备的大修	2.2.1 液压工作站的故障诊断及排除相关知识 2.2.2 三轴加工中心的故障诊断及排除相关知识 2.2.3 工业机器人工作站、自动化生产线等设备的故障诊断及排除相关知识
3. 技术指导与革新	3.1 技术指导	3.1.1 能编制本职业作业范畴的生产工艺、产品质量、设备维护保养等技术指导文件 3.1.2 能编制设备及生产线的操作规程 3.1.3 能对三级/高级工及以下级别人员进行培训 3.1.4 能编写培训方案	3.1.1 产品工艺质量管控知识 3.1.2 机械设备操作规程的编制知识 3.1.3 培训方案的制定知识 3.1.4 技能培训方法与技巧

钳工技术工作手册

职业功能	工作内容	技能要求	相关知识要求
3. 技术指导与革新	3.2 技术革新	3.2.1 能对复杂工装夹具进行技术革新 3.2.2 能对普通切削或专用机床等设备进行性能提升或增加功能技术革新	3.2.1 新技术、新工艺、新设备、新材料知识 3.2.2 复杂工装夹具革新知识 3.2.3 普通切削或专用机床性能提升或功能增加的技术革新知识及工艺

一级/高级技师			
职业功能	工作内容	技能要求	相关知识
1. 机械设备装调	1.1 设备装配	1.1.1 能按技术要求进行五轴加工中心等精密加工设备功能部件的整机装配 1.1.2 能按技术要求进行大型发动机、大型内燃机设备功能部件的整机装配 1.1.3 能按技术要求进行高精密工装夹具的装配	1.1.1 吊装作业安全要求知识 1.1.2 五轴加工中心机床装配要求知识 1.1.3 复杂精密工装夹具的装配工艺知识 1.1.4 大型内燃机的结构原理及装配要求知识
	1.2 设备调试	1.2.1 能按技术要求进行五轴加工中心等精密加工设备的调试 1.2.2 能按技术要求进行大型发动机、大型内燃机设备的调试 1.2.3 能按技术要求进行高精密工装夹具的安装 1.2.4 能按技术要求进行智能制造生产线成套设备的调试	1.2.1 五轴加工中心的调试步骤与方法 1.2.2 大型发动机、大型内燃机的调试步骤与方法 1.2.3 机电一体设备系统原理图知识 1.2.4 精密加工制造、自动化生产线及相关工艺文件和技术标准
	1.3 设备检测	1.3.1 能按技术要求检测五轴加工中心等精密加工设备 1.3.2 能按技术要求检测大型发动机、大型内燃机设备 1.3.3 能按技术要求检测智能制造生产线等成套设备 1.3.4 能按技术要求使用坐标测量仪等光学仪器对设备、部件、零件等进行检测	1.3.1 五轴加工中心等精密加工设备的检测步骤与方法 1.3.2 大型发动机、大型内燃机的检测步骤与方法 1.3.3 复杂高精密工装夹具、自动化机构的检测步骤与方法
2. 机械设备保养与维修	2.1 设备维护与保养	2.1.1 能按技术要求进行五轴加工中心等精密加工设备的维护与保养 2.1.2 能按技术要求进行精密设备、液压站、柴油发动机等成套设备的一级维护与保养 2.1.3 能按技术要求进行高精密工装夹具、自动化机构的一级维护与保养	2.1.1 五轴加工中心等精密加工设备的维护与保养知识 2.1.2 大型发动机的维护与保养知识 2.1.3 智能制造自动化生产线保养事项 2.1.4 精密检测设备、仪器的使用与保养知识

职业功能	工作内容	技能要求	相关知识要求
2. 机械设备保养与维修	2.2 故障诊断与维修	2.2.1 能按技术要求大修五轴加工中心等精密加工设备 2.2.2 能按技术要求维修高精密工装夹具 2.2.3 能按技术要求维修智能制造自动化生产线成套设备	2.2.1 五轴加工中心等精密加工设备性能指标 2.2.2 五轴加工中心等精密加工设备大修工艺知识 2.2.3 高精密工装夹具维修工艺知识 2.2.4 自动化生产线成套设备维修工艺知识
3. 技术指导与革新	3.1 技术指导	3.1.1 能对二级/技师及以下级别人员进行生产和安全培训 3.1.2 能编写培训讲义 3.1.3 能负责现场安全管理 3.1.4 能负责生产项目组织和管理 3.1.5 能制定产品技术标准	3.1.1 系统培训方案制定方法 3.1.2 生产工艺标准制定方法 3.1.3 大型自动化生产线综合调试及试运行作业指导书的编制方法 3.1.4 项目管理知识 3.1.5 生产组织和管理知识 3.1.6 产品技术标准的制定知识
	3.2 技术革新	3.2.1 能对数控机床等设备进行技术革新 3.2.2 能对生产线、高精密等成套或专用设备进行技术革新	3.2.1 数控机床等设备技术革新知识 3.2.2 生产线、高精密等成套或专用设备技术革新知识及工艺方法

权重表

理论知识权重表

技能等级项目		五级/初级工/%	四级/中级工/%	三级/高级工/%	二级/技师/%	一级/高级技师/%
基本要求	职业道德	5	5	5	5	5
	基础知识	15	15	10	10	10
相关知识要求	基本作业	35	30	20	—	—
	机械设备装调	30	30	30	25	20
	机械设备保养与维修	15	20	35	30	30
	技术指导与革新	—	—	—	30	35
合计		100	100	100	100	100

技能要求权重表

技能等级项目		五级/初级工/%	四级/中级工/%	三级/高级工/%	二级/技师/%	一级/高级技师/%
技能要求	基本作业	35	30	20	—	—
	机械设备装调	35	35	40	40	30
	机械设备保养与维修	30	35	40	25	30
	技术指导与革新	—	—	—	35	40
合计		100	100	100	100	100

钳工技术工作手册

参考文献

［1］朱楠,刘爽.机电综合实训［M］.北京:外语教学与研究出版社,2018.

［2］菲舍尔.简明机械手册［M］.云中,杨放琼,译.长沙:湖南科学技术出版社,2012.

［3］技工学校机械类通用教材编审委员会.钳工工艺学［M］.北京:机械工业出版社,2014.

［4］中国就业培训技术指导中心.装配钳工［M］.2 版.北京:中国劳动社会保障出版社,2013.

［5］布尔麦斯特.机械制造工程基础(第 3 版)［M］.杨祖群,译.长沙:湖南科学技术出版社,2019.